Pour le plaisir de se casser la tête !

Louis Thépault

Pour le plaisir de se casser la tête !

110 problèmes et divertissements mathématiques

Avec la collaboration scientifique
de Dominique Roux,
inspecteur général de mathématiques

DUNOD

Dans la même collection :

Oh, les maths !, Yakov Perelman
Oh, la physique !, Yakov Perelman
Oh, les nombres !, Clifford A. Pickover
Oh, encore des nombres !, Clifford A. Pickover

Illustration de couverture : « Les Shadoks »,
dessin original de Jacques Rouxel
@ aaa, Paris, 2001
Illustrations Rachid Maraï pour les pages intérieures de l'ouvrage.

ISBN : 2 10 007975 1

Table des matières

Chapitre 3 – Dénombrement et probabilités

Chapitre 4 – Algorithmes

Chapitre 5 – Division et Divisibilité

Chapitre 6 – La bande des neuf et la bande des dix

Chapitre 7 – Des nombres bien particuliers

Chapitre 8 – Cryptarithmes

Chapitre 9 – Opérations mystérieuses et insolites

Chapitre 10 – La géométrie au quotidien

Chapitre 11 – Problèmes et casse-tête de déduction

Chapitre 12 – Les phrases autoréférentes

Chapitre 13 – Déplacements de pions et de jetons

Chapitre 14 – Puzzles particuliers

Casse-tête

Chapitre 1

Des inconnues nommées « désirée »

La démarche la plus élégante pour résoudre un problème numérique est sans conteste, le raisonnement pur qui fait intervenir un minimum de calculs ou de connaissances. Malheureusement, cela n'est pas toujours possible, surtout lorsqu'on est pris par le temps. La méthode la plus efficace passe alors par l'utilisation de différents outils mathématiques et informatiques, mis à notre disposition, sans pour autant négliger le tâtonnement, l'expérience ou la recette miracle.

Parmi ceux-ci, figurent les incontournables équations : à chaque donnée recherchée, est associée une valeur algébrique, représentée par une lettre, généralement appelée inconnue. Une fois définies toutes ces inconnues, il ne reste plus qu'à écrire sous forme de relations algébriques, ou équations, leurs différentes correspondances avec les données numériques du problème posé, ce qu'on appelle la mise en équations.

Mais celle-ci, aussi simple soit-elle, ne résout pas tout. On se retrouve parfois confronté à des systèmes d'équations si inextricables qu'on ne sait même pas par quel bout les prendre. Les résoudre exige un minimum de réflexion : le raisonnement ne s'applique plus au problème en lui-même, mais au système d'équations vers lequel il a été transposé.

Serez-vous séduits par ces inconnues qui vous attendent au coin de chacun de ces problèmes, certains simples, d'autres moins ?

Problème 1

Problème de robinets

Pour remplir le lavoir municipal, l'employé de mairie dispose de trois robinets différents. Le débit de chaque robinet est constant, que les autres soient ouverts ou non. Lorsque l'employé ouvre à la fois le premier et le deuxième robinets, le troisième étant fermé, le lavoir se remplit en une heure et dix minutes. Lorsqu'il ouvre à la fois le premier et le troisième robinets, le deuxième étant fermé, le lavoir se remplit en cinquante minutes. Lorsqu'il ouvre à la fois le deuxième et le troisième robinets, le premier étant fermé, le lavoir se remplit en cinquante-six minutes. S'il ouvre à la fois les trois robinets, en combien de temps se remplit le lavoir ?

► Solution p. 127.

Problème 2

La mouche du régiment

Au moment où le régiment entre dans la caserne, une mouche s'envole du bout du fusil d'un soldat placé au dernier rang, vers le soldat de tête, qu'elle atteint en quelques secondes. À peine s'est-elle posée sur le fusil de cet homme qu'elle repart en direction opposée pour atterrir sur le canon du fusil duquel elle était partie. Elle l'atteint au moment où le dernier rang du régiment passe le portail d'entrée de la caserne. La longueur du régiment, constante durant sa marche, est égale à 50 mètres. Les vitesses respectives de la mouche et de la troupe sont également des constantes. Quelle est la distance parcourue par la mouche en vol ?

Nota : le régiment et la mouche se sont toujours déplacés en ligne droite.

▶ Solution p. 128.

Problème 3

Les deux peintres

Une entreprise de peinture s'est vu confier la numérotation des plaques de la rue principale de cette ville, rue qui compte moins de 1 000 maisons, avec autant de maisons de chaque côté. Les deux employés chargés de l'exécution de la tâche, travaillent à des vitesses différentes. Pendant que l'un peint huit chiffres, l'autre en peint dix. Aussi ont-ils décidé de procéder de la manière suivante : le moins rapide commence par les premiers numéros (1, 2, 3, etc.), et l'autre par les derniers. L'écart entre les numéros peints par nos deux hommes ne peut donc que se réduire au fur et à mesure qu'ils avancent dans leur tâche. Ils terminent de peindre leur dernière plaque en même temps et coïncidence, chacun a peint exactement le même nombre de plaques. Combien de maisons compte donc la rue principale ?

▶ Solution p. 128.

Problème 4

Critérium cycliste

Lors de la dernière édition du critérium cycliste de Guidonville, qui se déroule en circuit fermé, Louis et Philippe avaient décidé de faire un tour de circuit, mais pas dans le même sens. Louis avait choisi le sens de la course et Philippe le sens opposé, en partant en même temps que les coureurs. Au moment où Louis et Philippe se croisèrent, Philippe voyait passer les coureurs pour la neuvième fois (départ non compris). Philippe boucla son tour de circuit au moment où les coureurs entamaient leur dernier tour. C'est alors qu'il vit Louis, déjà là depuis un bon moment, puisqu'il était également arrivé au moment où les coureurs passaient sur la ligne d'arrivée, alors qu'il leur restait encore six tours à couvrir. Le peloton reste toujours groupé jusqu'à l'arrivée, Louis et Philippe se sont déplacés à vitesse constante. Peut-on en déduire le nombre de tours de circuit que comportait ce critérium ?

▶ Solution p. 129.

Problème 5

Les gares d'autocars

Chacune des gares routières desservies par une compagnie d'autocars délivre autant de billets qu'il y a de gares, à l'exception d'elle-même, bien sûr. Sur chaque billet, sont indiquées la gare où le billet est acheté et la gare de destination. La compagnie dessert depuis ce matin plusieurs gares nouvelles et de ce fait, s'est trouvée dans l'obligation d'imprimer 76 types de billets différents supplémentaires. Combien de gares dessert aujourd'hui la compagnie ?

► Solution p. 130.

Problème 6

Famille nombreuse

Olivia et Robert se sont mariés un jour de mai. Depuis ce jour, Olivia s'est retrouvée à la maternité chaque 1er avril et chaque fois, la « petite » famille s'est agrandie… C'était encore le cas ce 1er avril 2003. Comme chaque année, tous les enfants (donc tous nés un 1er avril), sont gardés par la grand-mère qui prépare pour chacun un gâteau d'anniversaire avec autant de bougies qu'il a d'années. Comme c'est curieux, se dit-elle. Cette année, j'ai dû acheter 28 bougies, juste le double de ce qu'il m'avait fallu il y a deux ans. Saurez-vous trouver :

– le nombre d'enfants d'Olivia et de Robert au 1er janvier 2003 ?
– en quelle année est né leur troisième enfant ?

► Solution p. 131.

Problème 7

Le rapport du ministre des Jeux

Le ministre des Jeux est trop bavard pour écrire un rapport en moins de six pages, mais aussi trop paresseux pour rédiger un rapport de plus de cent pages. Le dernier qu'il vient de présenter à son Président comporte deux parties. Si on fait la somme des numéros des pages de la première partie et celle des numéros des pages de la deuxième partie, on obtient dans les deux cas le même résultat. Combien de pages comporte le rapport de Monsieur le ministre ?

▶ Solution p. 132.

Problème 8

Le gagnant

Quatre amis ont passé la soirée à jouer aux cartes. Le gagnant de la première partie a reçu 1 euro de la part de chacun des trois autres, le gagnant de la deuxième partie 2 euros de la part de chacun des trois autres, celui de la troisième 3 euros de la part des trois autres…, et ainsi de suite. Il y a eu un gagnant à chaque partie. Bien qu'il n'ait gagné qu'une seule fois, Frédéric s'est retrouvé en fin de soirée avec autant d'argent qu'il en avait au début. Combien de parties ont été jouées durant la soirée ?

▶ Solution p. 133.

Problème 9

L'étape des Champs-Élysées

Depuis 1975, qui vit la première victoire du Français Bernard Thévenet, le Tour se termine chaque année en apothéose par l'arrivée sur l'avenue des Champs-Élysées. L'an dernier, de l'endroit où j'étais placé, je pouvais voir à la fois les coureurs qui montaient l'avenue de l'autre côté, et ceux qui la descendaient de mon côté. Lors du dernier passage, le peloton s'était regroupé. Le coureur de tête, qui descendait l'avenue s'est retrouvé à la hauteur du dernier coureur qui la remontait, et tout cela juste en face de moi. D'après les renseignements que j'avais pu obtenir, la longueur du peloton dans la montée était en permanence de 120 mètres et dans la descente, de 200 mètres. À quelle distance du haut de l'avenue étais-je placé ?

► Solution p. 134.

Problème 10

Le bon départ

On part de deux nombres A et B de deux chiffres chacun, A inférieur à B, et on écrit la suite des nombres, construite selon la règle suivante : chaque nombre est égal à la somme des deux nombres qui le précèdent dans la suite. Exemple : 14, 29, 43, 72, 115, 187…

Quels doivent être les deux nombres de départ pour que le dixième nombre de la suite soit 2 003 ?

► Solution p. 135.

Chapitre 2

Inconnues, s'abstenir

N'allez surtout pas croire que nous cherchons à répudier ces chères inconnues, elles nous sont si utiles dans les moments difficiles. Mais voilà, il y a des moments où on peut très bien se passer d'elles pour arriver à nos fins et les laisser se reposer. Pour résoudre les problèmes de ce chapitre, vous avez le droit de vous faire accompagner de ces tendres inconnues, mais si pouvez y arrivez sans elles, ce n'en sera que meilleur, quitte à les retrouver dans d'autres chapitres. À vous de jouer !

Problème 11

L'abeille et le peloton

Un peloton cycliste, fort de quatre-vingts unités, traverse la forêt des Landes sur une longue ligne droite. Une abeille, posée sur une borne kilométrique, prend son envol au moment où la tête du peloton arrive à sa hauteur, et se dirige vers les hommes de queue. Elle atteint le dernier coureur devant une borne hectométrique portant le chiffre 9 et fait aussitôt demi-tour. Elle rejoint l'homme de tête, juste devant une borne hectométrique portant le chiffre 6. Durant tout son vol, l'abeille s'est déplacée en ligne droite, à vitesse constante et n'a pu apercevoir qu'une seule borne kilométrique, celle de départ. Sur quelle longueur s'étend le peloton, celle-ci étant restée la même pendant le vol de l'abeille ?

Nota : la vitesse du peloton est restée la même pendant tout le vol de l'abeille.

▶ Solution p. 136.

Problème 12

Château de cartes

Voici le démarrage d'un château de cartes. Les éléments sont des assemblages de deux cartes s'appuyant l'une sur l'autre en forme de V retourné. Ce nombre d'assemblages diminue d'une unité cha-

que fois qu'on passe d'un étage à l'étage supérieur. Sur deux assemblages voisins d'un même étage, repose une carte qui sert de support à un assemblage de l'étage du dessus. Jacques dispose d'un jeu complet de tarot, comportant donc 78 cartes. Un assemblage de deux cartes en V retourné a une hauteur de 11 cm. Quelle sera la hauteur maximale du château que Jacques pourra construire selon le modèle décrit ci-dessus ? Combien de cartes lui seront inutiles ?

▶ Solution p. 137.

Problème 13

Induction et déduction

Au dernier chapitre de son traité sur l'induction et la déduction, et plus précisément à la page 112, un auteur annonce à ses lecteurs : « peut-être avez-vous déjà remarqué que la somme des chiffres du numéro de la dernière page de chaque chapitre est identique au nombre de pages de ce chapitre… ? ». Dans ce traité, ne figure aucune page vierge. Toutes les pages sont numérotées et le texte débute à la page 1. Sachant que le chapitre le plus court ne contient que huit pages, combien en contient le plus long ? Quel est le nombre de pages de lecture de ce traité et combien de chapitres comporte-t-il ?

► Solution p. 137.

Problème 14

Combien ai-je dépensé ?

En entrant dans ce magasin, j'avais en poche des billets de 20 et de 10 euros, et des pièces de 10 centimes; bref, j'avais deux fois plus d'euros que de centimes. Quand je suis passé à la caisse, le montant affiché de mes achats indiquait le même nombre pour les euros et pour les centimes. Faute de pièces de 1 centime, la caissière ne me rendit pas la totalité de la monnaie exacte. Mais si tel avait été le cas, je serais ressorti avec deux fois plus de centimes que d'euros. Quel était le montant de mes achats ? Avec quelle somme suis-je ressorti du magasin ?

▶ Solution p. 138.

Problème 15

Les bons contes

Les 158 pages d'un livre se répartissent entre différents contes, comportant chacun le même nombre de pages, à l'exception de deux d'entre eux, d'ailleurs consécutifs, qui comportent un nombre de pages différent. Un de ces deux contes comporte 45 pages de plus que celui qui le précède dans le livre. D'autre part, les quatre premiers contes réunis comptent autant de pages que les trois derniers réunis. Quel est le nombre de pages du cinquième conte ?

Nota. Chaque conte comporte au moins deux pages et commence en haut de la page qui suit celle contenant la fin du conte précédent.

▶ Solution p. 139.

Problème 16

Immatriculation

Quatorze voitures d'une grande administration sont rangées l'une derrière l'autre sur le parking officiel de la Préfecture. Je remarque qu'elles portent toutes un numéro d'immatriculation différent, inférieur à 1 500, mais aussi, chose étonnante, que le numéro de chacune est égal à la somme des cubes des chiffres du numéro de la voiture placée devant elle. Quel est le numéro de la cinquième voiture ?

▶ Solution p. 140.

Chapitre 3

Dénombrement et probabilités

Si les mathématiques sont nées de la nécessité de compter, elles restent souvent maladroites lorsqu'il s'agit de dénombrer une collection d'objets, même caractérisés par une propriété assez simple. Il n'existe pas de belle et complète « théorie du dénombrement ». Si bien que pour répondre à la question « Combien de… ? », il convient généralement de faire appel à son ingéniosité autant qu'à son intuition.

Cependant, dans certains cas, les mathématiques se prêtent très bien à l'analyse combinatoire et peuvent être mises à profit pour résoudre des problèmes bien précis. C'est ce qui vous est proposé dans les lignes qui suivent.

Avant de vous précipiter vers des solutions hasardeuses ou compliquées, commencez par raisonner en essayant de trouver l'astuce qui vous permettra de résoudre ces problèmes avec le minimum de calculs.

Problème 17

Spirale d'allumettes (1)

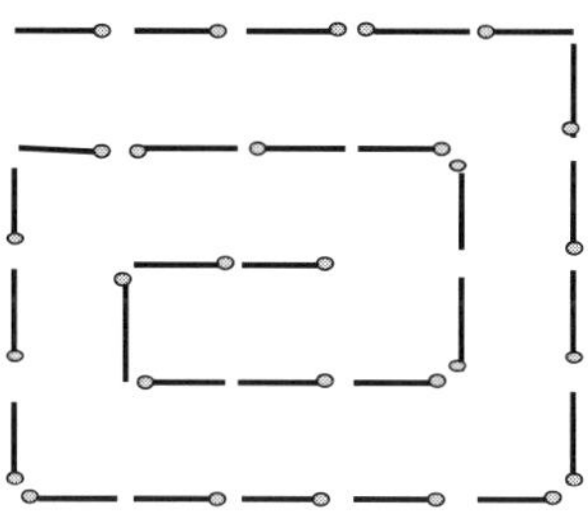

Voici une spirale rectangulaire de dimensions (5 × 4), réalisée avec 29 allumettes. On peut, sur le même principe, réaliser une spirale rectangulaire de dimensions (23 × 19). Combien d'allumettes comporterait une telle spirale ? La solution est simple… à condition d'y penser.

▶ Solution p. 141.

Problème 18

Spirale d'allumettes (2)

À partir d'un rectangle entièrement quadrillé, constitué d'allumettes, il est possible de réaliser un chemin en spirale comme celui de la figure de droite; il suffit pour cela d'enlever un certain nombre d'allumettes. Bernard a construit un rectangle de la même manière que celui de la figure de gauche, mais de dimensions différentes.

Puis il a retiré 91 allumettes pour obtenir une spirale comme celle de la figure de droite. Quelles étaient donc les dimensions initiales de son rectangle (longueur et largeur en allumettes) ?

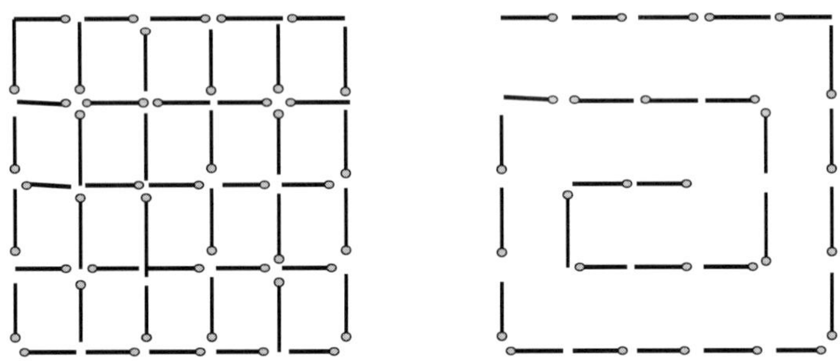

▶ Solution p. 142.

Problème 19

Les grilles du Loto

	10	20	30	40
1	11	21	31	41
2	12	22	32	42
3	13	23	33	43
4	14	24	34	44
5	15	25	35	45
6	16	26	36	46
7	17	27	37	47
8	18	28	38	48
9	19	29	39	49

Lorsque Paul joue au loto, il ne joue que des combinaisons de six numéros pour lesquelles chacun des chiffres de 0 à 9 est représenté une fois et une seule. Exemple : 6, 9, 15, 20, 37 et 48. Combien de grilles différentes Paul peut-il ainsi composer ?

▶ Solution p. 142.

Problème 20

Les ascendants

Un nombre est dit « ascendant » lorsqu'il est formé de chiffres tous différents, écrits de la gauche vers la droite dans l'ordre croissant. Ainsi, 6, 28, 247, 1 789 sont des ascendants. En revanche, 82, 738 et 2 556 ne le sont pas. Combien existe-t-il d'ascendants ?

Question annexe : parmi tous ces ascendants, combien sont multiples de 11 ?

► Solution p. 143.

Problème 21

Coupe de France

Lors du tirage des quarts de finale de la Coupe de France de football 1989, quatre équipes de première division (Auxerre, Marseille, Monaco et Sochaux) et quatre équipes de deuxième division (Beauvais, Mulhouse, Orléans et Rennes) étaient encore en lice. Le hasard a fait que chaque équipe de deuxième division fût opposée à une équipe de première division. A priori, cela a pu paraître étonnant, mais un peu moins si on se réfère aux probabilités. Quelle était donc la probabilité d'un tel événement ?

► Solution p. 144.

Problème 22

Jeu de cartes

Dans chacune des tablettes de chocolat, distribuées par la marque *Colle-à-chaud*, les clients peuvent trouver une carte à jouer d'un jeu courant de 32. L'institutrice d'Émilie a acheté dix tablettes qu'elle remettra à ses dix élèves les plus méritants (une tablette par élève). Quelle est la probabilité pour que les dix cartes contenues dans ces tablettes soient toutes différentes ? Combien de tablettes devrait acheter l'institutrice d'Émilie pour que cette probabilité soit de 0,5 ?

► Solution p. 144.

Chapitre 4

Algorithmes

Pour dénombrer les mois écoulés entre le 1er juin d'une année et le 1er février de l'année suivante, chacun, mathématicien ou non, comptera sur ses doigts plutôt que d'effectuer la soustraction associant à chaque mois son rang : 6 pour juin, 2 pour février ajouté à 12 pour l'année suivante, ce qui donne $14 - 6 = 8$ mois.

De nombreux problèmes sont ainsi résolus plus rapidement par tâtonnement ou par l'expérience que par une méthode mathématique classique. Cependant, la formulation mathématique s'avère très utile lorsque le problème se pose de façon répétitive, avec des données très différentes à chaque fois. Il s'agit alors de trouver un schéma général, une suite d'opérations et de calculs indépendants des données qui permettront d'aboutir à chaque fois à la solution, en un minimum de temps; c'est ce qu'on appelle un algorithme. Un exemple très connu est l'algorithme d'Euclide, utilisé pour déterminer le plus grand commun diviseur (PGCD) de deux nombres quelconques.

Voici cinq problèmes qui peuvent être facilement résolus dans des cas particuliers. À vous d'utiliser la méthode qui vous semble la plus efficace. Mais une fois résolus ces problèmes, il s'agira de trouver pour chacun d'eux une formule générale qui s'applique à tous les cas, quelles que soient les données initiales.

Problème 23

Ô combien de…

Combien doit-on utiliser de chiffres pour écrire tous les nombres entiers de 1 à 2 003 ? Voilà qui est assez facile. Mais saurez-vous ensuite trouver une formule générale simple qui donne le nombre de chiffres nécessaires à l'écriture de tous les nombres entiers de 1 à N, N étant composé de n chiffres ?

► Solution p. 145.

Problème 24

Un sur deux

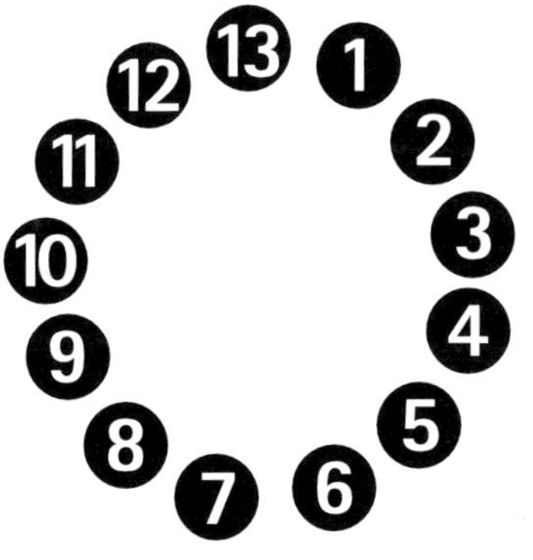

Un classique du genre : un certain nombre de jetons numérotés sont disposés en cercle, dans l'ordre croissant des numéros en tournant dans le sens des aiguilles d'une montre. En partant du zéro, c'est-à-dire un jeton fictif placé avant le n° 1, on va éliminer successivement un pion sur deux en tournant dans le sens des aiguilles d'une montre. Ainsi avec les treize jetons du schéma ci-dessus, on éliminera successivement dans l'ordre, les jetons numérotés 2, 4, 6, 8, 10, 12, 1, 5, 9, 13, 7 et 3, le 11 étant le dernier jeton restant. Rien de plus facile, grâce à un schéma comme celui-ci, que de déterminer le jeton restant lorsque le nombre de jetons est limité.

Supposons à présent qu'il y ait 2 003 jetons ? Quel sera dans ce cas le numéro du dernier jeton restant ?

Bien sûr, vous pourrez toujours dessiner un cercle de 2 003 jetons et les barrer au fur et à mesure… Si cela vous en dit, pourquoi pas et dans ce cas bon courage ! Essayez plutôt de trouver une formulation simple qui donne le numéro du dernier jeton dans le cas général.

▶ Solution p. 146.

Problème 25

Un, deux, trois, quatre, cinq

En utilisant les résultats du problème « Ô combien de… », vous n'aurez aucune peine à déterminer qu'il faut utiliser 50 619 chiffres pour écrire tous les nombres entiers de 1 à 12 345.

Mais au fait, quelle est la somme de ces 50 619 chiffres ?

Pour calculer cette somme, on peut déterminer la fréquence de chacun des chiffres de 0 à 9 selon son rang dans chacun des nombres de 1 à 12 345. On obtient le tableau page suivante :

chiffres	dizaine de milliers	rang des milliers	rang des centaines	rang des dizaines	rang des unités	fréquence d'apparition	poids
0	0	1 000	1 200	1 230	1 234	4 664	0
1	2 346	2 000	1 300	1 240	1 235	8 121	8 121
2	0	1 346	1 300	1 240	1 235	5 121	10 242
3	0	1 000	1 246	1 240	1 235	4 721	14 163
4	0	1 000	1 200	1 236	1 235	4 671	18 684
5	0	1 000	1 200	1 230	1 235	4 665	23 325
6	0	1 000	1 200	1 230	1 234	4 664	27 984
7	0	1 000	1 200	1 230	1 234	4 664	32 648
8	0	1 000	1 200	1 230	1 234	4 664	37 312
9	0	1 000	1 200	1 230	1 234	4 664	41 976
total	2 346	11 346	12 246	12 336	12 345	50 619	214 455

Puis, pour chacun des chiffres, on calcule sa contribution (ou poids) à la somme cherchée, égale au produit de ce chiffre par sa fréquence d'apparition, la somme de ces poids nous donnant la somme de ces 50 619 chiffres, égale à 214 455. Malheureusement, cette résolution est plutôt longue et surtout sujette à erreurs. Essayez donc de trouver un algorithme à ce genre de problème qui minimise les risques d'erreurs et accélère le processus de résolution.

▶ Solution p. 147.

Problème 26

Multiplications secrètes

Plus exactement, qualifions de « muettes » ces multiplications dont tous les chiffres sont cachés et qu'il faudra bien sûr reconstituer. Ici, les seuls renseignements dont nous disposons sont les sommes des chiffres contenus dans les différentes colonnes. Une analyse préalable de la structure de chaque multiplication et un raisonnement approprié s'avèrent en général plus efficaces que la recherche d'une solution générale, pas toujours évidente. Ainsi, vous ne devriez pas avoir trop de mal à résoudre ces trois multiplications. À chacun sa méthode.

```
         *   *   *
     ×       *   *
     -------------
     *   *   *   *
 *   *   *   *
 -----------------
 *   *   *   *   *
 3  11  14  21  30
```

```
         *   *   *
     ×       *   *
     -------------
         *   *   *
 *   *   *   *
 -----------------
 *   *   *   *   *
 2  15  25  34  12
```

```
     *   *   *
 ×       *   *
 -------------
 *   *   *   *
 *   *   *
 -------------
 *   *   *   *
18   3  21  16
```

Cela dit, ce genre d'exercice se prête aussi à une analyse mathématique de type algébrique. Sachez qu'il existe un algorithme ou méthode générale de résolution de telles multiplications. À vous de le retrouver.

► Solution p. 148.

Problème 27

Interrupteurs

On dispose d'une rampe de 7 lampes numérotées de 1 à 7 pouvant être soit éteintes, soit allumées et de 7 interrupteurs indépendants représentés par une lettre de A à G. L'interrupteur A agit sur les lampes 1, 3 et 6 (si on agit sur A, ces trois lampes changent chacune d'état : celles qui sont éteintes s'allument, celles qui sont allumées s'éteignent). L'interrupteur B agit sur les lampes 1, 4, 5 et 7, l'interrupteur C sur les lampes 2 et 5, l'interrupteur D sur les lampes 1, 2 et 6, l'interrupteur E sur les lampes 3, 5 et 7, l'interrupteur F sur les lampes 3, 4, et 7 et enfin l'interrupteur G qui agit sur les lampes 4, 5 et 6. Au départ, toutes les lampes sont éteintes. Sur quels interrupteurs faut-il agir pour qu'elles soient toutes allumées ?

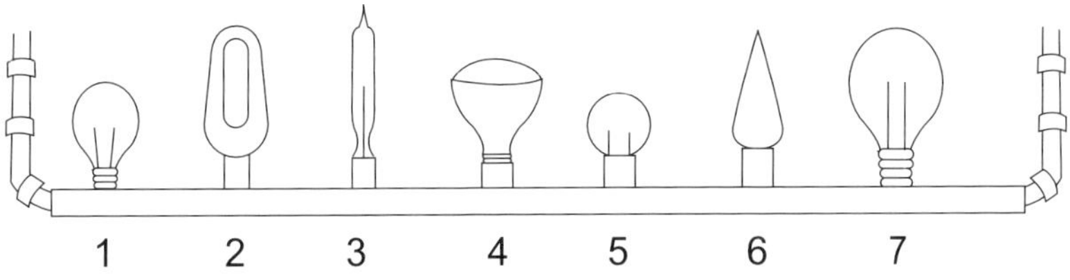

Dans un cas aussi simple, il est possible et sans doute plus efficace de résoudre le problème par tâtonnements. Il existe pourtant une méthode de recherche systématique basée sur la résolution d'un système d'équations linéaires écrites dans l'anneau Z/2, qui donne à coup sûr la solution.

▶ Solution p. 149.

Chapitre 5

Division et Divisibilité

Des quatre opérations élémentaires, la division est certainement la plus déroutante. Contrairement à ce qui se passe pour l'addition, la soustraction ou la multiplication, le résultat d'une division n'est pas immédiat; de plus, ce n'est pas nécessairement un nombre entier. Dès son plus jeune âge, voilà donc le potache confronté, sans qu'il le sache, à des exercices d'encadrement et d'approximations successives à assimiler en même temps qu'il devra apprendre et retenir l'orthographe de mots aussi barbares que celui de quotient.

Pas étonnant que l'évolution des méthodes pratiques ou algorithmiques de résolution de la division soit restée très lente. Au Moyen Âge et sous la Renaissance, époques récentes au regard de l'histoire de l'humanité, certaines universités n'admettaient les étudiants qu'à condition qu'ils fissent preuve d'une bonne aptitude à maîtriser la division; et ne parlons pas de l'extraction des racines carrées dont l'idée même qu'elles puissent exister, avait déjà déconcerté en leur temps les adeptes de l'école pythagoricienne.

Aujourd'hui, avec la banalisation de la calculatrice, les divisions sont démythifiées. On ne les exprime d'ailleurs plus sous la forme de fractions, mais en donnant directement leur valeur numérique sous forme décimale, ce qui conduit parfois à des aberrations mathématiques. C'est ainsi qu'avec certaines calculatrices, si vous divisez 1 par 3 et qu'ensuite vous multipliez le résultat par 3, vous obtiendrez 0,999999999.

Avec son architecture particulière, flanquée d'un reste et d'un quotient, la division se laisse apprivoiser facilement et se prête à une grande diversité en matière de divertissements mathématiques.

Problème 28

Bonbons en vrac

Marcel l'épicier a reçu livraison d'un lot important de bonbons en vrac, mais tout de même moins de 10 000. Pour les vendre, il décide de les regrouper en petits paquets, contenant chacun le même nombre de bonbons. Il s'aperçoit que s'il voulait remplir des sachets de 11 ou de 13 bonbons, il lui en resterait 2 et que s'il voulait remplir des sachets de 9 ou de 17 bonbons, il ne lui en resterait qu'un seul. Combien de bonbons Marcel a-t-il reçu lors de sa livraison ?

▶ Solution p. 150.

Problème 29

Les sachets de bonbons

Un confiseur a devant lui quatre paniers contenant chacun le même nombre de bonbons (moins de 300). Avec les bonbons du premier panier, il remplit des sachets de treize bonbons chacun, autant que faire se peut et met le reste de côté. Avec ceux du deuxième panier, il remplit des sachets de seize bonbons chacun, autant que faire se peut, et met le reste de côté. Avec ceux du troisième panier, il remplit des sachets de dix-neuf bonbons chacun et avec ceux du quatrième, des sachets de vingt et un bonbons chacun; chaque fois, il remplit le maximum de sachets possible, en plaçant le reste de côté. L'opération terminée, lorsqu'il réunit les quatre restes, il se rend compte qu'il n'a pas suffisamment de bonbons pour pouvoir remplir un sachet de dix. Combien de bonbons contenait chaque panier ? Combien de bonbons non emballés reste-t-il au confiseur ?

▶ Solution p. 151.

Problème 30

Une propriété remarquable

Le nombre 73 est caractérisé par une propriété remarquable. Prenons l'un quelconque de ses multiples (par exemple 18 688 = 256 × 73) et partageons-le en deux tranches, celle formée par les deux derniers chiffres (soit 88) et celle formée par tous les autres chiffres (soit 186). Élevons au carré chacun des deux nombres ainsi obtenus et effectuons la somme des deux carrés :

$$88^2 + 186^2 = 7\,744 + 34\,596 = 42\,340$$

Propriété remarquable : ce nombre est aussi multiple de 73 :

$$42\,340 = 580 \times 73$$

Vous pouvez vous amuser à vérifier cette curiosité sur d'autres multiples de 73 qui n'est pas le seul nombre à présenter cette particularité. Il en existe un autre de trois chiffres. À vous de le découvrir.

▶ Solution p. 152.

Problème 31

Trois nombres divisent la somme de quatre

Les quatre nombres ABC, AAD, AEF et ACB commencent par le même chiffre et comportent chacun trois chiffres. Si on vous dit que leur somme est divisible par trois d'entre eux mais pas par le quatrième, en savez-vous suffisamment pour les retrouver ? Naturellement, une même lettre représente toujours le même chiffre et réciproquement, un même chiffre est toujours représenté par la même lettre.

▶ Solution p. 152.

Problème 32

La ronde des multiples

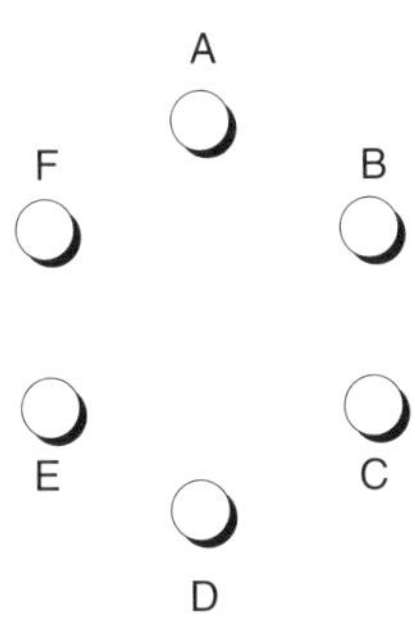

Quels sont les six chiffres différents, zéro exclu, qu'il faut inscrire dans les cercles A, B, C, D, E et F (un chiffre par cercle), de sorte que les six nombres de trois chiffres pouvant être lus dans le sens des aiguilles d'une montre (ABC, BCD, CDE, DEF, EFA et FAB) soient tous multiples de 13 ?

▶ Solution p. 153.

Problème 33

La preuve par 13

Comment répartir les sept valeurs 3, 4, 5, 6, 7, 8 et 9 entre les sept lettres A, B, C, D, E, F et G pour que les quatre nombres suivants soient tous divisibles par 13 (la solution est unique) ?

ABCD, BCDE, CDEF, DEFG

▶ Solution p. 153.

Problème 34

La preuve par 17

Trouvez un nombre ABCDEFG formé de sept chiffres différents, non nuls, tel que chacun des nombres de trois chiffres :

ABC, BCD, CDE, DEF et EFG

soit divisible par 17 (la solution est unique) ?

▶ Solution p. 154.

Problème 35

Fractions égyptiennes

Sans s'appesantir sur l'histoire du calcul dans l'Antiquité, une fraction égyptienne est une fraction dont le numérateur est 1 et le dénominateur un nombre entier. Les Égyptiens étaient passés maîtres dans l'art de décomposer toute fraction quelconque en une somme de fractions de la forme $1/n$. Ainsi $2/3 = 1/2 + 1/7 + 1/42$. Les mathématiciens Erdös et Strauss ont conjecturé que toute fraction de la forme $4/n$ pouvait se décomposer en une somme d'au plus trois fractions égyptiennes. Saurez-vous justement trouver trois fractions égyptiennes dont la somme est $4/13$?

▶ Solution p. 155.

Chapitre 6

La bande des neuf et la bande des dix

Il s'agit bien sûr des chiffres de 0 à 9 qui permettent de décrire et de mesurer à eux seuls notre univers depuis l'infiniment petit jusqu'à l'infiniment grand.

Lorsque ces dix chiffres sont réunis, chacun d'eux étant utilisé une fois et une seule (ou les neuf lorsqu'on écarte le zéro), ils se prêtent à d'étonnantes figures ou relations arithmétiques.

Problème 36

Les échappés

Au départ de cette course cycliste, il y avait 150 coureurs, numérotés de 1 à 150 et répartis en 15 équipes de 10 hommes chacune (les 10 coureurs de chaque équipe portent évidemment des numéros consécutifs). Moins de 20 kilomètres après le départ, on apprenait l'abandon du n° 38. Peu de temps après, se dessinait la première échappée conduite par six coureurs représentants de trois équipes différentes. Un spectateur remarqua que, mis les uns à la suite des autres, les six numéros de ces cyclistes formaient un nombre de dix chiffres dans lequel chacun des chiffres de 0 à 9 avait sa place. Un deuxième spectateur observa que cinq de ces six numéros avaient pour somme le nombre 100. Enfin, un troisième nota qu'en retournant un des numéros sens dessus dessous, on obtenait un des cinq autres numéros. Quels étaient les numéros de ces six échappés ?

▶ Solution p. 156.

Problème 37

Permutations nonantiennes

Une relation (et par extension une opération) est dite nonantienne lorsqu'elle comporte chacun des chiffres de 1 à 9, chacun d'eux utilisé une fois et une seule. Pour l'illustrer, voici un exemple :

$$58 \times 3 = 174 = 6 \times 29$$

Dans cette configuration, permutez les positions de deux des neuf chiffres, puis opérez de même avec deux des sept autres chiffres, et enfin, avec deux des cinq autres chiffres non encore déplacés, les trois autres chiffres restant à leur place. Comment opérer pour qu'à l'issue de ces trois permutations, l'expression obtenue à partir de celle représentée ci-dessus soit exacte ?

□□ × □ = □□□ = □ × □□

▶ Solution p. 157.

Problème 38

Opération décantienne

Une opération (ou par extension une relation) est dite décantienne lorsqu'elle contient tous les chiffres de 0 à 9, chacun d'eux utilisé une fois et une seule. Ainsi, l'opération :

$$1 \times 26 \times 345 = 8970$$

est décantienne.

Il existe une autre façon de répartir les dix chiffres de 0 à 9 pour obtenir une deuxième opération décantienne avec le même cadre. À vous de jouer.

□ × □□ × □□□ = □□□□

▶ Solution p. 158.

Problème 39

La bande des neuf

1	2	3	4	5	6	7	8	9

Découpez cette bande en autant de morceaux que vous voulez, à condition que les lignes de découpage coïncident avec les lignes de séparation des cases, indiquées en pointillés. Vous obtiendrez ainsi autant de nombres que de morceaux. Mais à quels endroits effectuer ces découpages pour que le plus grand des nombres ainsi obtenus soit égal à la somme des autres ? Il est interdit de retourner les morceaux : par exemple 89 ne saurait être retourné en 68.

▶ Solution p. 158.

Problème 40

Somme constante

La solution de ce problème vous sera très utile pour le déchiffrage des grilles magiques qui suivent :

```
    *  *  *
+   *  *  *
-----------
=   *  *  *
```

Dans cette addition exacte, chaque astérisque représente un chiffre et les neuf chiffres de 1 à 9 sont représentés, chacun d'eux une fois et une seule. Démontrer que la somme des trois chiffres du résultat est indépendante de ce résultat (à condition que l'addition soit exacte, bien sûr). Quelle est cette somme ?

▶ Solution p. 158.

Magie-magie

4	9	2
3	5	7
8	1	6

Il existe 362 880 (9 !) façons différentes de loger les neufs chiffres de 1 à 9 dans une grille 3×3, à raison d'un chiffre par case. Parmi ces grilles, la plus connue est celle représentée ci-dessus. La somme des chiffres contenus dans chaque ligne, comme celle des chiffres contenus dans chaque colonne et chacune des deux diagonales est égale à 15. Une telle grille constitue ce qu'on appelle un carré magique d'ordre 3. Ce carré était dit-on connu des Chinois au moins 2 000 ans avant notre ère. Il existe des carrés magiques d'ordre 4, utilisant chacun des 16 nombres de 1 à 16, à raison d'un nombre par case dans une grille 4×4, comme il existe des carrés magiques d'ordre 5, 6, 7… Mais tel n'est le but de nos recherches.

Revenons à nos 9 chiffres. Le carré magique ci-dessus n'est pas la seule grille particulière parmi les 362 880 possibles. Il en existe d'autres que nous proposons à votre perspicacité…

Problème 41

Grille 1
Sommes médianes

Dans cette grille, inscrire les 9 chiffres de 1 à 9 à raison d'un chiffre par case de manière que :

– le nombre horizontal du milieu soit la somme des deux autres nombres horizontaux,

– le nombre vertical du milieu soit la somme des deux autres nombres verticaux.

La solution est unique.

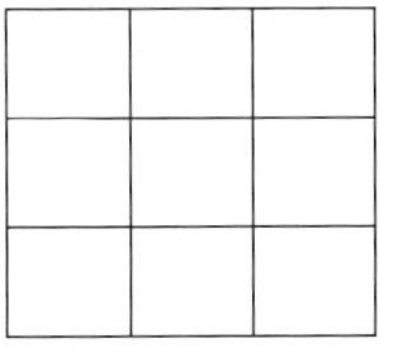

▶ Solution p. 160.

Problème 42

Grille 2
Sommes latérales

Dans cette grille, inscrire les 9 chiffres de 1 à 9 à raison d'un chiffre par case de manière que :

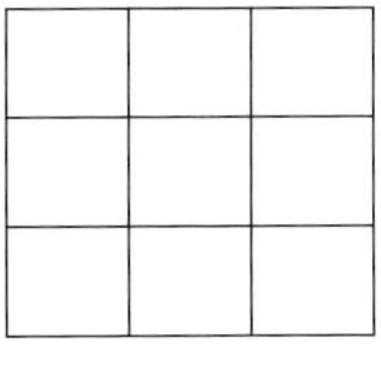

– le nombre horizontal du bas soit la somme des deux autres nombres horizontaux,

– le nombre vertical de droite soit la somme des deux autres nombres verticaux.

Cette grille admet deux solutions.

▶ Solution p. 161.

Problème 43

Le carré des carrés

Dans cette grille, inscrire les 9 chiffres de 1 à 9 à raison d'un chiffre par case de manière à pouvoir lire dans chacune des trois lignes horizontales un carré parfait.

► Solution p. 161.

Problème 44

Alternance

$$\bullet \times \bullet + \bullet \times \bullet + \bullet \times \bullet + \bullet \times \bullet + \bullet = 1\,000$$

Dans cette suite d'opérations, la multiplication alterne avec l'addition. Remplacez les points par tous les chiffres de 1 à 9, chacun d'eux utilisé une fois et une seule de manière à obtenir un résultat égal à 1 000. Attention ! Dans cette suite d'opérations, chaque opérateur agit sur le résultat obtenu à partir de l'ensemble des opérations précédentes. Exemple : $4 \times 3 + 6 \times 8 + 2$ se lit : 4 que multiplie 3 = 12, plus 6 = 18 que multiplie 8 = 144, plus 2 = 146… (ce problème admet plusieurs solutions).

► Solution p. 162.

Chapitre 7

Des nombres bien particuliers

Il existe au moins quatre façons d'appréhender le nombre :

– la première à travers la quantité qu'il représente, ne serait-ce que pour connaître le solde de son compte en banque ou le nombre de kilomètres parcourus par sa voiture;
– la deuxième à travers ses caractéristiques et ses propriétés mathématiques : est-il multiple de 9, de 13 ? Est-il diviseur de 1 001 ? Est-ce un carré parfait ?
– la troisième lorsqu'il sert de repère ou de référence, pour trouver la page d'un dictionnaire par exemple, appeler un ami au téléphone, identifier un objet dans un catalogue de vente;
– la quatrième par son architecture ou sa structure : est-il symétrique, ses chiffres sont-ils tous identiques, sont-ils tous différents... ?

On peut en rajouter une cinquième qui réunit les quatre précédentes et qui débouche sur la recherche de nombres particuliers dont la valeur ou certaines caractéristiques sont en relation directe avec leur architecture ou les chiffres qu'ils contiennent.

Les nombres particuliers sont légion. En cherchant bien, on pourrait presque trouver une particularité pour chaque nombre. Par exemple 110 est le plus grand nombre écrit en français, dont toutes les lettres sont différentes (CENT DIX).

Autre exemple : si on donne à chaque lettre la valeur de son rang dans l'alphabet et si on définit la valeur alphabétique d'un nombre comme étant la somme des valeurs de chacune de ses lettres, le nombre 222 serait le premier nombre à être égal à sa valeur alphabétique.

Vérifions :

D E U X		C E N T		V I N G T		D E U X		
4 5 21 24		3 5 14 20		22 9 14 7 20		4 5 21 24		
54	+	42	+	72	+	54	=	222

Chacun à sa manière, 110 et 222 sont deux nombres particuliers. Mais ils ne sont pas les seuls. Dans les lignes qui suivent, vous êtes invité à rechercher d'autres nombres dotés de particularités aussi diverses que variées.

Problème 45

Carré palindromique

(● ● ●)^2 = ● ● ● ● ● ●

Il s'agit ici de trouver un carré parfait formé de six chiffres, qui soit palindromique, c'est-à-dire qu'il n'est pas modifié selon qu'on le lit de gauche à droite ou de droite à gauche. Par exemple, 121 est un carré palindromique; lu à l'envers, il reste identique à lui-même. Ce problème n'admet qu'une solution. À vous de la trouver !

▶ Solution p. 163.

Problème 46

Carré de voisins

● ● ● ● ● ● ● ●

Le nombre de huit chiffres ci-dessus est un carré parfait. Le nombre formé par les quatre premiers chiffres et celui formé par les quatre autres sont, dans cet ordre, deux nombres consécutifs. Quel est ce carré de huit chiffres ?

▶ Solution p. 164.

Problème 47

Avec les dix chiffres

En utilisant une fois et une seule chacun des dix chiffres de 0 à 9, écrire simultanément le carré et le cube d'un même nombre. Aucun de ces deux nombres ne commence par 0 (zéro).

► Solution p. 164.

Problème 48

Égal au cube de la somme de ses chiffres

Trouver un nombre ABCDE formé de cinq chiffres différents non nuls, qui soit égal au cube de la somme de ses chiffres (solution unique).

► Solution p. 165.

Problème 49

Carrés symétriques

Trouver un nombre ABCDE formé de cinq chiffres différents non nuls, qui soit un carré parfait et tel que son symétrique EDCBA formé en inversant l'ordre de ses chiffres, soit aussi un carré parfait.

▶ Solution p. 166.

Problème 50

Nombres premiers

Quatre nombres premiers ont pour somme un nombre premier. Tous les chiffres nécessaires à l'écriture de ces cinq nombres premiers sont différents. Quels sont ces cinq nombres ?

▶ Solution p. 166.

Problème 51

Nombre particulier

Le nombre 8 833 possède une propriété particulière. Si on élève chacune des deux tranches de deux chiffres de ce nombre au carré, la somme des deux carrés n'est autre que le nombre 8 833 lui-même. On a bien : $88^2 + 33^2 = 7\,744 + 1\,089 = 8\,833$. Un autre nombre de quatre chiffres présente cette particularité. Lequel ?

▶ Solution p. 167.

Problème 52

Un nombre et son carré

Le nombre 567 n'est pas en reste. Comme beaucoup d'autres, il a droit aussi à sa particularité. Si on l'écrit, accompagné de son carré 321 489, on utilise chacun des neuf chiffres de 1 à 9, une fois et une seule. Un autre nombre de trois chiffres présente cette particularité. Lequel ?

▶ Solution p. 168.

Chapitre 8

Cryptarithmes

On ne présente plus les cryptarithmes. Jeux arithmétiques par excellence, ils sont un peu aux récréations mathématiques ce que les mots croisés sont aux jeux de lettres. Il s'agit d'un monde fascinant par la diversité des raisonnements, méthodes et outils mis en œuvre pour les résoudre, comme les relations de parité, les relations « inférieur ou supérieur à », les valeurs des retenues, la présence des dix chiffres de 0 à 9, pour ne citer que ceux-là. Il n'est pas aisé de donner en quelques lignes une définition idéale du cryptarithme; on l'appréhende davantage à travers les exemples que l'on est amené à résoudre. Pour simplifier, disons qu'un cryptarithme est une opération ou expression arithmétique codée dans laquelle chacun des chiffres a été remplacé par une lettre, un même chiffre étant toujours remplacé par une même lettre et réciproquement, une même lettre remplaçant toujours le même chiffre. Le problème consiste à retrouver la valeur de chaque lettre pour que l'opération ou l'expression qui en résulte soit exacte sur le plan arithmétique. Sauf indication de l'auteur, on ne tient pas compte des accents et aucun nombre ne commence par 0 (zéro). En général, on ne remplace pas les chiffres d'une opération donnée par des lettres. On se fixe plutôt un message et on recherche si le cryptarithme ainsi créé admet ou non une solution, les meilleurs étant ceux pour lesquels la solution est unique. Si en plus, le message est d'excellente facture et peut se résoudre au moyen d'un raisonnement subtil, réduisant au minimum les tâtonnements, c'est la cerise sur le gâteau. Certains sont de vrais bijoux.

N'allez surtout pas croire que leur beauté réside dans leur difficulté. Un cryptarithme qui, pour être résolu, demanderait trop de tâtonnements est à bannir, sauf cas particuliers des concours. À ce titre l'exemple :

BÉLIER + CANCER + BALANCE = TAUREAU

bien qu'admettant une seule solution, ne présente aucun intérêt.

Résoudre ce genre de casse-tête demande une certaine méthode. Examinons-la, grâce à un exemple très simple :

$$
\begin{array}{ccccccc}
 & S & U & I & S & S & E \\
+ & & S & U & È & D & E \\
\hline
= & B & R & É & S & I & L
\end{array}
$$

– En 4e colonne (les colonnes se comptent à partir de la gauche), S se retrouve au-dessus et au-dessous du trait d'addition. L'autre lettre E vaut donc 0 ou 9 (s'il y a retenue). Mais en dernière colonne, on ne peut avoir E = 0, qui donnerait aussi L = 0. On déduit E = 9 et L = 8. Les retenues s'en déduisent et l'addition devient :

$$
\begin{array}{ccccccc}
 & {\scriptstyle 1} & & {\scriptstyle 1} & {\scriptstyle 1} & {\scriptstyle 1} & \\
 & S & U & I & S & S & 9 \\
+ & & S & U & 9 & D & 9 \\
\hline
= & B & R & 9 & S & I & 8
\end{array}
$$

– En 3e colonne, on a : I + U = 8 (1)
– En 5e colonne, on a : 1 + S + D = 10 + I (2)
– En 1re colonne, on a : B = 1 + S (3)

Additionnons (1) + (2) + (3). Nous obtenons : B + D + U = 18, relation intéressante. Les valeurs 8 et 9 étant attribuées, la plus grande somme possible pour les trois lettres B, D et U est 7 + 6 + 5 = 18. B, D et U dont la somme est 18, se partagent donc ces trois valeurs et on a B égal à S + 1 d'après (3) ; B est donc la plus petite de ces valeurs d'où B = 5 et S = 4, D et U se partageant les valeurs 6 et 7. Supposons U = 7. En 3e colonne, on déduit I = 1 et en 2e colonne,

R = 1, S étant égal à 4. (Hypothèse à rejeter, elle conduit à I = R = 1.) On a donc U = 6 et D = 7. Les autres lettres se déduisent facilement : I = 2 en 5e colonne, R = 0 en 2e colonne. On obtient la solution unique :

$$\begin{array}{ccccccc} & 4 & 6 & 2 & 4 & 4 & 9 \\ + & & 4 & 6 & 9 & 7 & 9 \\ \hline = & 5 & 0 & 9 & 4 & 2 & 8 \end{array}$$

Et voilà. C'est simple, non ? Essayez !

Les lignes qui suivent vous proposent une série de cryptarithmes classés plus ou moins par ordre de difficulté, choisis davantage pour la diversité des raisonnements mis en œuvre pour les résoudre que pour leur message, sans que pour autant celui-ci ait été délaissé. Amusez-vous bien !

Problème 53

OZONE + AZOTE = XÉNON

Pour vous mettre en bouche…

$$
\begin{array}{cccccc}
 & O & Z & O & N & E \\
+ & A & Z & O & T & E \\
\hline
= & X & É & N & O & N
\end{array}
$$

▶ Solution p. 169.

Problème 54

ONZE × A = ZÉRO

Un peu plus difficile, cette victoire du XV de France sur le score de…

$$
\begin{array}{ccccc}
 & O & N & Z & E \\
\times & & & & A \\
\hline
= & Z & É & R & O
\end{array}
$$

▶ Solution p. 170.

Problème 55

RENNES + NANTES = ANGERS

Trois villes du Grand Ouest à découvrir…

	R	E	N	N	E	S
+	N	A	N	T	E	S
=	A	N	G	E	R	S

▶ Solution p. 170.

Problème 56

JUPITER + SATURNE + URANUS = NEPTUNE

Pas besoin de calculs astronomiques pour résoudre ce problème.

		J	U	P	I	T	E	R
+	S	A	T	U	R	N	E
+		U	R	A	N	U	S
=	N	E	P	T	U	N	E

▶ Solution p. 171.

Problème 57

UN + DEUX + DEUX + DEUX + DEUX = NEUF

Aussi vraies que vraies, ces opérations et équations. Dans le cryptarithme n° 59, certaines lettres pourront prendre les valeurs 2 et 4, ces chiffres n'ayant pour seul but que d'alléger la présentation.

			U	N
+	D	E	U	X
+	D	E	U	X
+	D	E	U	X
+	D	E	U	X
=	N	E	U	F

▶ Solution p. 173.

Problème 58

EINS + NEUN = FUNF + FUNF

E I N S + N E U N

=

F U N F + F U N F

▶ Solution p. 174.

Problème 59

$DIX^2 - SIX^2 = SEIZE \times 4$

$$\begin{array}{rrrrrrr} & & & & D & I & X^2 \\ & & & - & S & I & X^2 \\ \hline S & E & I & Z & E & \times & 4 \end{array}$$

► Solution p. 175.

Problème 60

DZETA + GAMMA = LAMBDA

Quelle opération se cache sous cette formulation grecque ?

$$\begin{array}{ccccccc} & & D & Z & E & T & A \\ + & & G & A & M & M & A \\ \hline = & L & A & M & B & D & A \end{array}$$

► Solution p. 175.

Problème 61

OÙ SONT PASSÉS MES MULETS ?

Et pour répondre à la question de la muletière, un conseil : la somme des chiffres de 1 à 9 est 45.

					O	Ù
+			S	O	N	T
+	P	A	S	S	É	S
+				M	E	S
=	M	U	L	E	T	S

► Solution p. 176.

Les cryptarithmes ne se limitent pas qu'à des opérations ou des équations. Ils peuvent aussi prendre la forme de phrases dans lesquelles les nombres écrits en lettres ont été codés comme dans les deux exemples qui suivent :

Problème 62

De UN à DEUX, j'ai utilisé UNE fois le chiffre X

Pour écrire tous les nombres entiers de UN à DEUX, j'ai utilisé UNE fois le chiffre X.

Cette phrase dit bien sûr la vérité. Quel chiffre se cache derrière chaque lettre majuscule (selon la règle des cryptarithmes) et combien vaut UN ?

► Solution p. 177.

Problème 63

DEUX divise HUIT et DOUZE

Ce qu'il faut trouver : la valeur de SIX.

► Solution p. 178.

Chapitre 9

Opérations mystérieuses et insolites

Suite logique des deux chapitres précédents, les opérations livrées à votre sagacité dans ce chapitre se résolvent de la même façon que les cryptarithmes. L'idée consiste à se donner une opération et plus généralement une multiplication, dont l'architecture répond à une particularité bien définie, et ensuite à la résoudre pour s'assurer qu'elle admet bien une solution, voire plusieurs.

Comme les nombres particuliers, les multiplications particulières sont légion. Laissez-vous guider et découvrez ces opérations mystérieuses et insolites, depuis l'égalité qui reste vraie à l'endroit comme à l'envers, les multiplications-miroirs, les égalités anagrammes et autres bizarreries de l'univers arithmétique.

Problème 64

Produit des inverses

			*	*	*
×			*	*	*
*	*	*	*	*	*

Il y a deux manières de décrypter ce magnifique problème. La première par essais successifs, pourquoi pas ! Mais cela risque d'être un peu long. La deuxième par pur raisonnement, sans trop de calculs et même de tête pour les doués en calcul mental. Dans cette multiplication, le multiplicateur et le multiplicande comportent les mêmes chiffres, mais écrits dans l'ordre inverse quand on passe de l'un à l'autre et réciproquement. Quant au résultat, il est formé de deux tranches identiques de trois chiffres chacune; il est de la forme (ABCABC). Sachant qu'aucun des trois nombres de cette multiplication ne commence par zéro, saurez-vous la retrouver ?

► Solution p. 179.

Problème 65

Opérations anagrammes

$$906 \times 21 = 19\,026$$

$$930 \times 15 = 13\,950$$

$$651 \times 24 = 15\,624$$

Les trois multiplications ci-dessus présentent une particularité évidente : les cinq chiffres de gauche constituant le multiplicande et le multiplicateur se retrouvent dans le résultat, indiqué dans la partie de droite, mais disposés dans un ordre différent.

Ces exemples ne sont pas les seuls. Il en existe beaucoup d'autres. Cependant, sans vouloir retrouver toutes les solutions répondant à ces conditions, il est possible de démontrer que la somme des cinq chiffres, tous différents, ne peut prendre que cinq valeurs distinctes. En dehors de la valeur 18, somme des cinq chiffres de nos trois exemples, quelles sont les quatre autres valeurs possibles et pour chacune d'elles, saurez-vous trouver un exemple qui l'illustre ?

▶ Solution p. 180.

Problème 66

Multiplications miroirs

	6	8	2
×	3	9

2	8	6
×	9	3

Observez bien ces deux multiplications. Chacune est l'image de l'autre, vue dans un miroir.

En apparence, rien d'extraordinaire : en effet, ce schéma peut être obtenu à partir de n'importe quelle multiplication. Et pourtant ici, il recèle une propriété remarquable : il suffit d'effectuer les produits pour s'apercevoir que le résultat est identique dans les deux cas. Vérifions :

$$682 \times 39 = 286 \times 93 = 26\,598.$$

Cet exemple n'est pas unique. Saurez-vous retrouver toutes les opérations du type ABC × DE = ED × CBA pour lesquelles A, B, C, D et E représentent en outre cinq chiffres différents ? Un petit conseil pour vous mettre sur la voie : essayez d'abord de trouver une relation simple entre les chiffres A, B et C du nombre ABC et une autre entre A, C, D et E.

▶ Solution p. 181.

Problème 67

À l'endroit, à l'envers

601
×
12
=
6502
+
691
+
19

Cette égalité est vraiment remarquable ! Elle est vraie à l'endroit… et à l'envers. Retournez votre livre pour vérifier ! Mieux, vous pouvez permuter deux chiffres dans sa partie supérieure et deux chiffres dans sa partie inférieure pour obtenir une nouvelle égalité, également vraie à l'endroit comme à l'envers ! Étonnant, non ? Pourrez-vous trouver cette nouvelle égalité ?

► Solution p. 181.

Problème 68

Double symétrie

```
      A * * * A
×         * A *
---------------
=   B B B B B B B
```

Dans cette multiplication remarquable, A représente toujours le même chiffre, B aussi mais différent de A bien sûr. Tous les autres chiffres, différents de A et de B, sont représentés par un astérisque, indépendamment de leur valeur. Quelles seront les valeurs de A, B et des autres chiffres ?

▶ Solution p. 182.

Problème 69

Opération du palindrome

Le nombre 217 848 712 est un palindrome, c'est-à-dire qu'il reste identique à lui-même, qu'on le lise de gauche à droite ou de droite à gauche. Il suffit de placer devant le 4 le signe × et derrière, le signe = pour obtenir une multiplication exacte. En effet :

$$2\,178 \times 4 = 8\,712.$$

Il existe un autre palindrome, ne commençant pas par 1, tel que si on insère le signe × entre le 1er et le 2e chiffres, et le signe = entre les 5e et 6e chiffres, on obtient également une multiplication exacte :

$$* \times * * * * = * * * *$$

Quel est ce palindrome de neuf chiffres ?

▶ Solution p. 182.

Problème 70

La ronde (1)

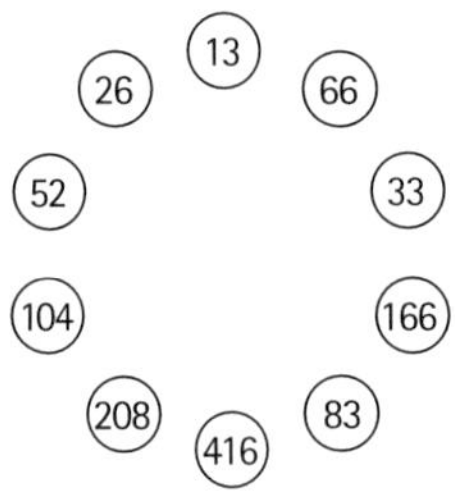

Chacun de ces dix jetons disposés en cercle comporte un nombre entier. Si ce nombre est pair, son suivant, dans le sens des aiguilles d'une montre, est égal à sa moitié. S'il est impair, son suivant est égal à ce nombre multiplié par 5, majoré de 1. Saurez-vous trouver une autre solution à ce problème, également avec dix jetons ?

► Solution p. 183.

Problème 71

La ronde (2)

Problème identique au précédent, mais ici avec une ronde de sept jetons.

► Solution p. 183.

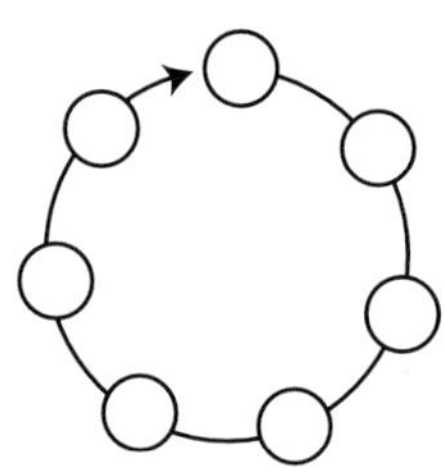

Chapitre 10

La géométrie au quotidien

Malgré ce qualificatif de quotidien, les problèmes de géométrie courante, science de plus en plus délaissée, ne courent pas les rues. Il est vrai que lorsque nous sommes confrontés à une situation concrète, nous arrivons toujours à résoudre le problème, même par approximation, sans avoir besoin de faire appel à de savantes notions de géométrie.

Autant de bonnes raisons pour vous remettre dans le bain et vous mettre tour à tour dans la peau d'un concepteur de logos, d'un responsable d'usine, d'un urbaniste et pourquoi pas d'un amateur de récréations géométriques pour le seul plaisir de cette science, mais aussi d'un art.

N'oublions pas que bon nombre de résultats géométriques, encore utilisés de nos jours, datent de l'Antiquité.

Problème 72

Ballon de foot

Savez-vous que le ballon de football des compétitions officielles est réglementé ? Il doit avoir une circonférence de 71 cm au plus et de 68 cm au moins. Il pèsera en début de partie 435 g au plus et 390 g au moins… L'enveloppe du ballon est constituée par l'assemblage d'éléments géométriques appelés panneaux par les spécialistes. Le ballon officiel comporte à la fois des panneaux hexagonaux et des panneaux pentagonaux, tous réguliers, ayant des côtés de même longueur. Le nombre des panneaux hexagonaux dépasse de huit unités celui des panneaux pentagonaux. Combien y a-t-il de panneaux (hexagonaux et pentagonaux) constituant l'enveloppe d'un ballon de football ?

► Solution p. 184.

Sur des aires de triangle

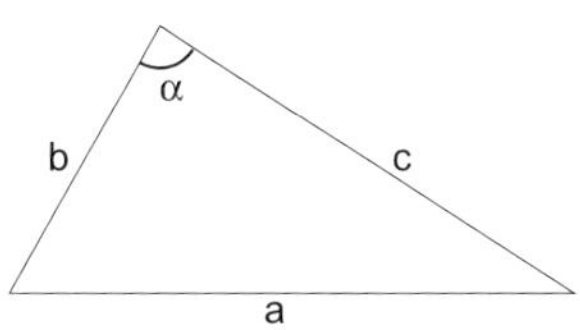

Les formules donnant l'aire d'un triangle sont nombreuses et variées.

On rappellera :

$$\mathcal{A} = \frac{1}{2} bc \sin \alpha \qquad \mathcal{A} = \frac{abc}{4R} \qquad \mathcal{A} = pr$$

formules dans lesquelles p est le demi-périmètre du triangle, R le rayon du cercle circonscrit au triangle et r le rayon du cercle inscrit. Mais pour résoudre les trois problèmes qui suivent, il vous faudra plus d'astuce.

Problème 73

Données partielles

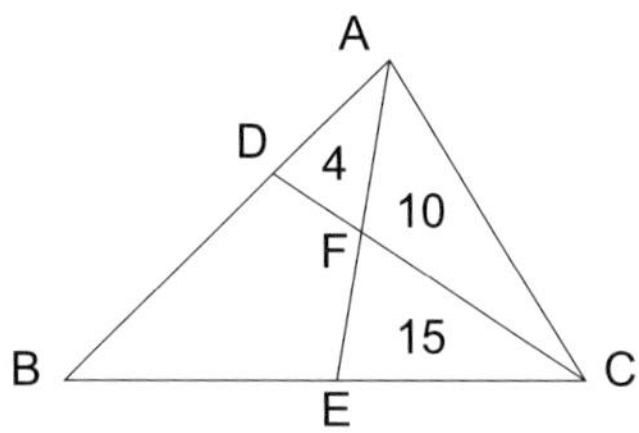

Dans ce triangle, pas nécessairement à l'échelle sur le dessin, on connaît les aires des trois triangles AFD, CFE et AFC, respectivement égales à 4, 15 et 10. En déduire l'aire du triangle ABC.

► Solution p. 185.

Problème 74

Très particulier

La formule de Héron d'Alexandrie permet de déterminer l'aire d'un triangle, connaissant la longueur de ses trois côtés. Cependant, pour déterminer l'aire du triangle ci-dessus, il vous suffira de connaître une propriété géométrique des plus élémentaires… et de faire appel à votre intuition.

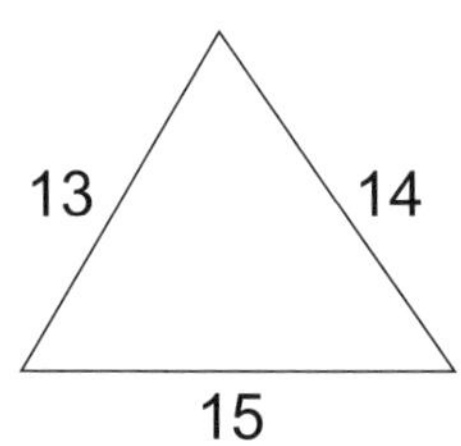

► Solution p. 186.

Problème 75

Partage équitable

Dans le village où j'avais l'habitude de passer mes vacances d'enfant, il y avait un jardin de forme triangulaire de longueurs respectives AB = 36 m, AC = 38 m et BC = 60 m. Aujourd'hui, ce jardin est traversé par une allée reliant les côtés AB et BC, réalisée comme l'a voulu le Maire de l'époque, de manière à délimiter deux zones de même surface dont les périmètres seraient aussi identiques. À quelles distances de B sont situées les extrémités D et E de l'allée ?

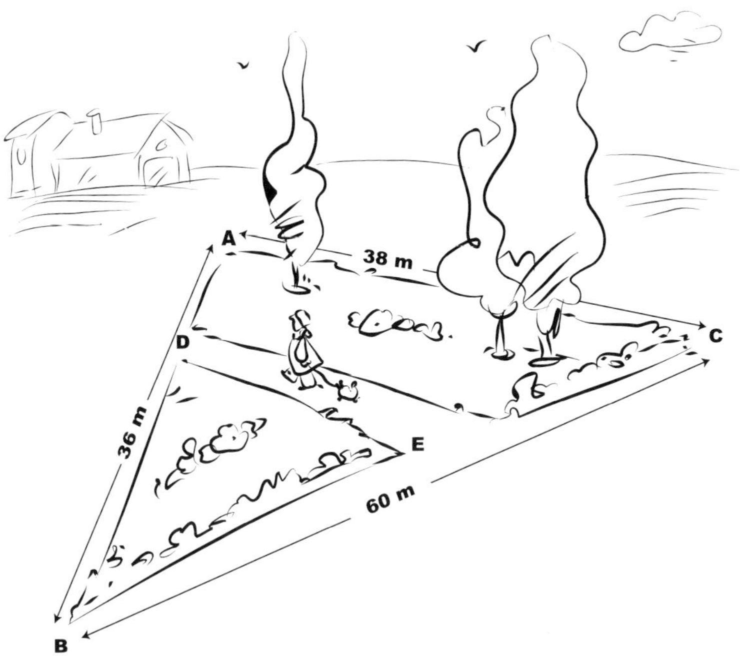

► Solution p. 186.

Problème 76

La puce sauteuse

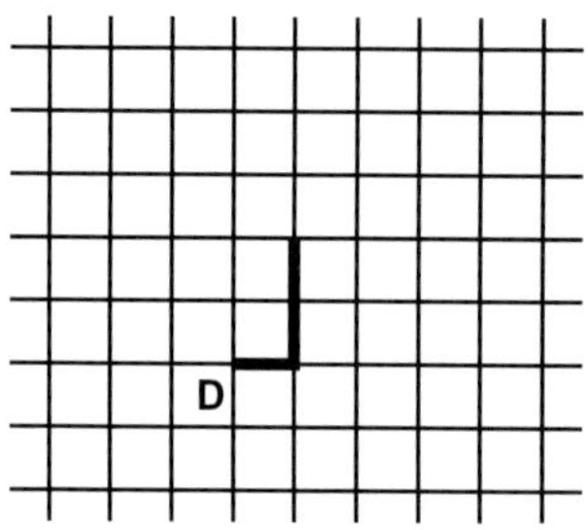

Une puce savante se déplace par sauts, en suivant les lignes d'un réseau quadrillé. Elle s'arrange pour que chaque saut s'effectue dans une direction perpendiculaire à celle du saut précédent. En outre, la longueur de chaque saut est supérieure d'une unité à celle du précédent. La figure ci-dessous montre ses deux premiers sauts. Quels devront être les suivants pour que la puce revienne à son point de départ D en un minimum de sauts ?

► Solution p. 187.

Problème 77

Les croissants réunis

Pour le dixième anniversaire de la Société des Croissants Réunis, le Directeur de la Communication a proposé au Conseil d'Administration de moderniser son logo. Le nouveau logo serait constitué de deux cercles identiques qui se coupent, délimitant ainsi trois zones d'aires identiques, les deux zones extrêmes représentant deux croissants réunis par leurs pointes comme le montre la figure. Le Directeur accepte la proposition et décide aussitôt de faire figurer ce logo sur le mur du hall d'entrée de son siège social… L'artiste chargé de la réalisation de ce logo est quelque peu embêté. Il connaît les emplacements du mur où devront se situer les points A et B, pointes des croissants. Ces deux points, situés sur une même verticale, sont distants de 2 m. Le peintre, perplexe, n'arrive pas à situer les centres des deux cercles de façon que les trois zones aient la même aire. Aidez-le en calculant :

- soit la distance de chacun des centres au milieu du segment AB,
- soit la longueur du rayon de chacun des deux cercles.

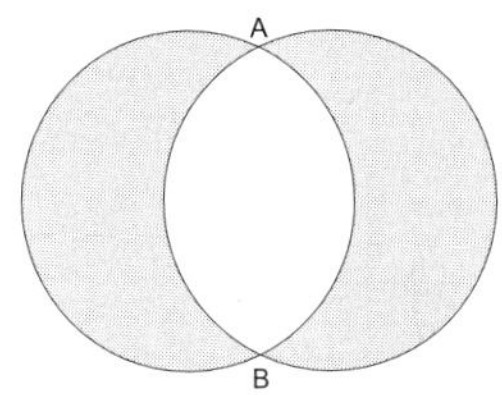

▶ Solution p. 188.

Problème 78

Problèmes d'eau

M. Charles est propriétaire d'une laiterie située le long de la route départementale, qu'il voudrait alimenter en eau à partir d'un captage réalisé en bord de rivière. M. Perot, industriel en agroalimentaire voudrait implanter une usine le long de la voie ferrée, dans le même secteur que la laiterie de son ami M. Charles, et lui aussi a besoin d'eau. Pour minimiser les frais, ils se mettent d'accord sur un captage commun et sur les endroits respectifs de ce captage et de l'usine de M. Perot, déterminés de manière que la longueur totale des deux conduites d'amenée d'eau de ce captage vers la laiterie et vers l'usine soit la plus faible possible. Saurez-vous trouver les emplacements idéaux du captage et de l'usine au moyen d'une construction géométrique simple ?

► Solution p. 188.

Problème 79

Les vases communicants

Deux vases A et B sont pratiquement similaires. Il s'agit de deux troncs de cône identiques (hauteur : 20 cm; diamètre de la grande base : 20 cm; diamètre de la petite base : 10 cm). Toutefois, la petite base constitue le fond du vase A, tandis qu'elle sert d'ouverture au vase B. Le fond du vase A est situé 6 cm au-dessus de celui du vase B. Ces deux vases communiquent entre eux par un tuyau (volume considéré comme nul) muni d'un robinet R. Au départ, le vase A est rempli d'eau, B est vide et R fermé. On ouvre le robinet R. Une partie de l'eau contenue dans le vase A va donc venir remplir le vase B et comme vous le savez sans doute, ce mouvement s'arrêtera lorsque les surfaces libres de l'eau dans les deux vases seront dans un même plan horizontal. Quelle sera alors la hauteur de l'eau contenue dans le vase B ?

▶ Solution p. 189.

Problème 80

Pour aller chez Guillaume

François et Guillaume habitent chacun à 120 m de la route principale qu'ils rejoignent en empruntant un chemin perpendiculaire à cette route, ces deux chemins étant distants de 240 m. Pour aller chez Guillaume, François a la possibilité soit d'emprunter chemins et route sur lesquels il peut marcher à 5 km/h, soit de passer à travers champ. Sur celui situé du côté de chez lui, il ne peut marcher qu'à la vitesse de 4 km/h et sur celui situé du côté de chez Guillaume, sa vitesse tombe à 3 km/h. Quel trajet doit-il emprunter s'il veut arriver chez Guillaume en un minimum de temps ?

▶ Solution p. 190.

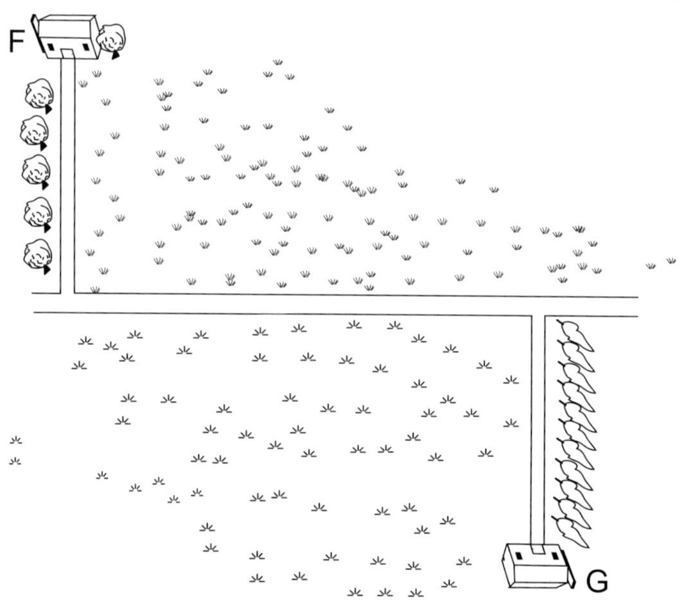

Problème 81

La course aux fanions

Connaissez-vous la course aux fanions ?

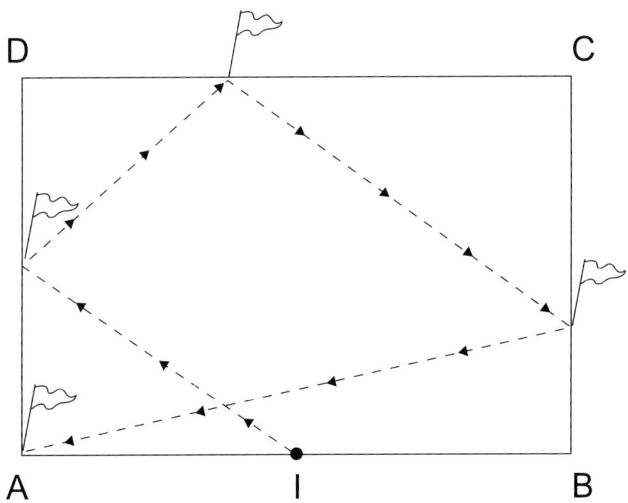

Chaque concurrent évolue seul. Il part du milieu I de la plus grande longueur d'un terrain rectangulaire avec quatre fanions qu'il doit planter, un premier sur la ligne AD, un deuxième sur la ligne DC, un troisième sur la ligne BC et enfin le dernier au coin A. Les dimensions du terrain sont pour la longueur : AB = 90 m et pour la largeur : BC = 60 m. À quels endroits précis les concurrents doivent-ils planter leurs fanions pour que le trajet parcouru soit minimum ? Quelle est la longueur d'un tel trajet ?

▶ Solution p. 191.

Chapitre 11

Problèmes et casse-tête de déduction

Les problèmes et casse-tête de déduction occupent une place à part dans le domaine des récréations mathématiques en ce sens qu'ils ne requièrent aucune connaissance mathématique et d'une manière générale aucune connaissance particulière, si ce n'est peut-être que de savoir lire et connaître les rudiments des quatre opérations élémentaires.

En principe, tout est affaire de raisonnement. Ces problèmes mesurent davantage l'aptitude du joueur à raisonner à partir d'éléments dont il vient de prendre connaissance que ses capacités à résoudre un problème pour lequel son acquis et son expérience lui sont utiles. Maintenant, ne nous leurrons pas, le joueur expérimenté sera avantagé par rapport aux autres, même si cet avantage n'est pas toujours avéré. Le vieil adage selon lequel « pour réussir chez nous, il n'est pas nécessaire d'être bon en maths, mais ça peut servir », prend toute sa valeur dans le cas présent.

Soyez sans crainte, tous ces problèmes sont abordables. Bon sens, réflexion et intuition vous guideront vers la réussite. En deux mots « Bonne chance ! ».

Problème 82

À chacun sa place

F O U R M I
C I T R O N
R I D E A U
S T Y L E T
Y A O U R T
E N F A N T
S I G N A L
V O L U T E
G L A C O N
G U I D O N
A R P È G E
A R O N D E

Placez chacun des douze mots de cette liste dans la grille 9×12, un par rangée, de manière à ne pas avoir dans chaque colonne, deux lettres identiques. La première lettre n'est pas obligatoirement placée dans la première case, mais les six lettres d'un même mot doivent être contenues dans six cases contiguës d'une même ligne.

▶ Solution p. 193.

Problème 83

Réveillon

Quatre amies Agathe, Diane, Jeannette et Rose, et leurs maris Marc, Maxime, Olivier et Pierre, mais pas nécessairement cités dans le même ordre, se retrouvent à la même table un soir de Noël. À minuit, au moment de l'échange des cadeaux, quelle n'est pas leur surprise de constater que chaque personne a offert à son conjoint un cadeau ayant un rapport homonymique très étroit avec le prénom de l'une des six autres personnes. C'est ainsi qu'Agathe, qui a reçu de son mari un dictionnaire de maximes, lui a offert une bouteille de marc de bourgogne. Pierre, le collectionneur de statuettes, a reçu de la part de son épouse, une Diane en onyx. En échange, il lui a offert la jeannette qu'elle attendait depuis des mois. Diane avait même prévu un cadeau supplémentaire pour son frère Marc. Qui a épousé qui ?

► Solution p. 194.

Problème 84

Les fines gourmettes

Cinq adolescents sont entrés dans une bijouterie de fantaisie pour y acheter, chacun, une gourmette gravée au nom de sa petite amie. Les cinq jeunes filles se prénomment Cécile, Céline, Éliane, Léonie et Nicole. Si chacun a payé le même prix pour la chaînette et la plaque, il n'en a pas été de même pour les lettres à graver; celles-ci étaient classées selon leur forme, en trois catégories de prix : lettres à 1,50 euro pièce, lettres à 1,60 euro pièce, lettres à 1,70 euro pièce, une même lettre valant toujours le même prix. À la sortie, il s'avère que personne n'a payé le même prix :

– Pierre a payé 0,40 euro de plus que Jacques.
– André a payé 0,20 euro de plus que Luc.
– Robert a payé 0,10 euro de plus que le petit ami de Nicole.

Saurez-vous retrouver pour chacun des adolescents, le prénom de sa petite amie ?

▶ Solution p. 194.

Problème 85

Chronologie

Ce soir-là avant de se coucher, Jérôme avait rangé ses livres comme le montre la figure du haut à gauche, dans l'ordre normal 1 2 3 4 5. Le lendemain et chaque jour qui a suivi, il en a pris deux le matin, et les a reposés le soir sur l'étagère, à droite des trois autres livres sans

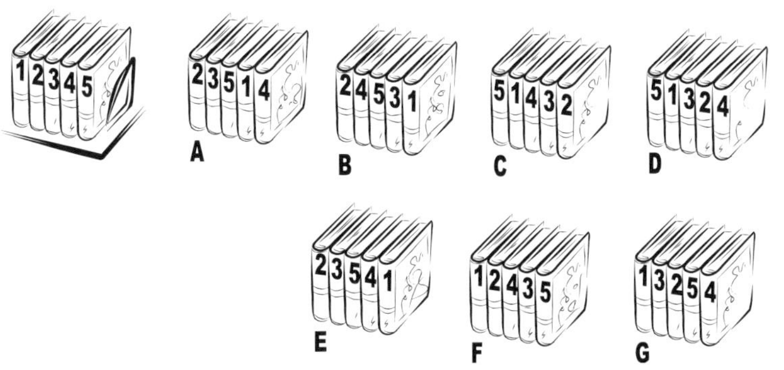

se soucier de leur ordre. Par exemple, s'il avait pris les livres 1 et 4 le premier matin, le soir du même jour, l'ordre aurait pu être 2 3 5 1 4 ou 2 3 5 4 1. La figure montre la disposition des livres au soir de sept jours consécutifs, mais pas dans l'ordre chronologique. Saurez-vous remettre ces sept dessins dans leur ordre chronologique ?

► Solution p. 194.

Problème 86

Alpha-cubes

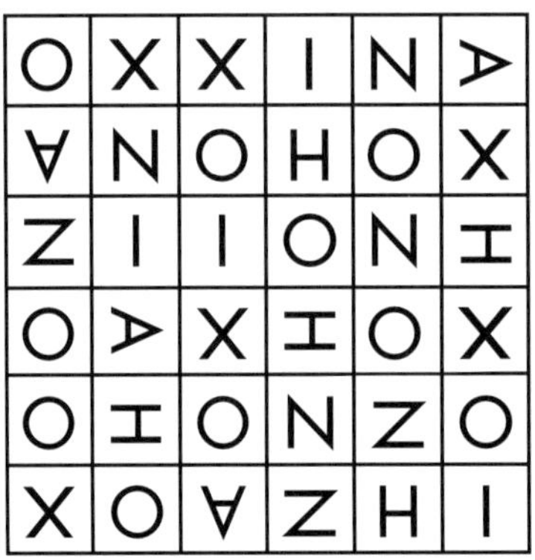

Voici disposés dans leur boîte et vus de dessus, trente-six cubes alphabétiques, tous identiques quant à la répartition et l'orientation des six lettres A, O, I, H, N et X, sur leurs six faces. Leur disposition, telle que vous la découvrez, n'est pas le fruit du hasard. Si vous faites pivoter chacun de ces cubes d'un quart de tour d'avant en arrière (la face de devant devenant celle du dessus), tout en le laissant à sa place, vous obtenez une disposition des lettres, semblable à celle d'un carré latin, à savoir :

chacune des lettres apparaît une fois et une seule dans chaque rangée, chaque colonne et chacune des deux grandes diagonales.

Attention ! Chaque lettre, dans la nouvelle disposition des cubes, est en outre orientée normalement (le A pointant vers le haut par exemple). Saurez-vous découvrir la nouvelle disposition des lettres dans la boîte ?

► Solution p. 195.

Problème 87

Scrabble et diagonales

Au scrabble, un tirage tel que A, C, E, N, R permet de multiples possibilités comme ANCRE, ÉCRAN, NACRE, RANCE, ENCRA, CERNA, CRANE, CARNE… Il est possible de faire entrer horizontalement cinq de ces mots dans une grille 5×5 de manière qu'on retrouve dans chacune des deux grandes diagonales, les cinq lettres du tirage, sans se soucier ici du sens des « mots » formés verticalement.

A	N	C	R	E
C	R	A	N	E
E	N	C	R	A
C	A	R	N	E
R	A	N	C	E

Essayez de trouver des grilles semblables à partir des tirages suivants :

- grille 6×6 avec le tirage A, E, I, R, S, T qui autorise au moins sept mots possibles;
- grille 7×7 avec le tirage A, E, G, N, O, R, S qui autorise au moins huit mots possibles.

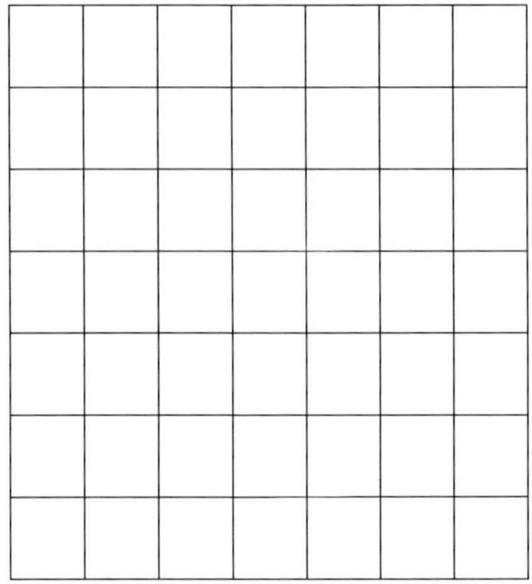

► Solution p. 196.

Problème 88

Au rayon des BD

Dans le rayon des bandes dessinées d'une librairie, on peut se procurer des albums de quatre formats différents : la collection de poche à 2,6 euros le volume, la maxi poche à 5 euros le volume, la collection junior à 7,2 euros le volume et la semi-luxe à 8,2 euros le volume. Frédéric qui vient de s'acheter de nouvelles BD, se voit dans l'obligation de débourser 27 euros au moment où il passe à la caisse. Combien a-t-il acheté d'albums de chaque format ?

► Solution p. 197.

Problème 89

Le secret du sphinx

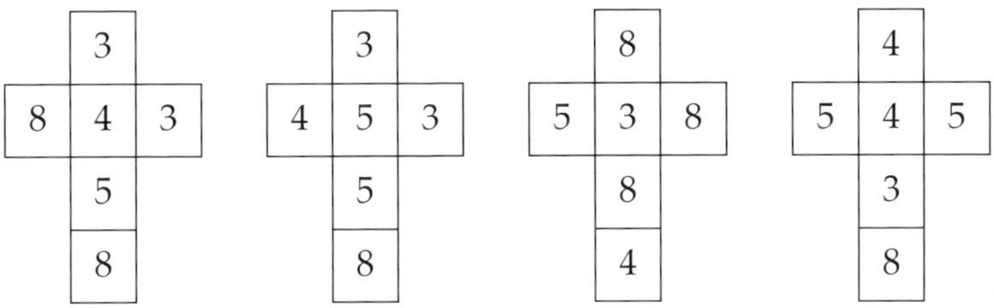

Au début du XXe siècle, on pouvait trouver dans le commerce ce casse-tête composé de quatre cubes en bois, comportant sur chacune de leurs faces un chiffre choisi dans l'ensemble (3, 4, 5, 8). Ces quatre cubes sont représentés ci-dessus. Le but du jeu était de réaliser, à partir de ces quatre cubes, un parallélépipède de quatre cubes de long de manière que la somme des quatre chiffres contenus sur chacune des grandes faces de ce parallélépipède soit égale à 20. Comment disposer ces cubes pour y arriver ?

Il n'y a qu'une seule solution possible, si on ne tient pas compte de l'ordre des cubes à l'intérieur du parallélépipède.

▶ Solution p. 197.

Chapitre 12

Les phrases autoréférentes

Les problèmes d'autoréférence sont récents dans l'univers des jeux de réflexion. Ils ont pris leur envol dans les années 1970-1980 et aujourd'hui, il n'est pas rare de les rencontrer dans les articles ou ouvrages de récréations mathématiques ou encore dans les rallyes mathématiques, avec une diversité accrue, leurs auteurs rivalisant d'imagination. Une phrase est dite autoréférente lorsque son contenu se trouve vérifié sur elle-même. À titre d'exemple, la phrase suivante :

« Cette phrase n'est pas écrite en français »

n'est pas autoréférente. L'idée qu'elle exprime, si elle est vraie, s'applique à une autre phrase qu'à elle-même. En revanche, l'exemple suivant :

« Cette phrase est composée de sept mots »

est autoréférente. En comptant le nombre de ses mots, on vérifie qu'elle en comporte bien sept. Autre exemple d'autoréférence que vous pourrez vérifier :

« Cette phrase logique comporte dix mots de longueurs totalement différentes »

Les six problèmes qui suivent consistent à retrouver dans chaque cas, un type de phrase autoréférente au moyen de raisonnements variés.

Problème 90

Petit entraînement

Par quelles lettres faut-il remplacer chaque point pour que la phrase inscrite dans le cadre ci-dessous soit conforme à son contenu ?

> *Pour écrire en toutes lettres et dans leur ordre tous les nombres entiers de • • • • • à • • • • •, j'ai utilisé • • • • • • fois la lettre •.*

► Solution p. 198.

Nota : dans les problèmes qui suivent, le nombre de points de suspension est évidemment sans signification.

Problème 91

Que de mots...

> *Cette phrase comporte .... mots de deux lettres, ... mots de trois lettres, ... mots de quatre lettres, ... mots de cinq lettres, ... mots de six lettres, ... mots de sept lettres, ... mot de huit lettres.*

Par quels nombres écrits en toutes lettres faut-il remplacer chacun des sept espaces laissés libres pour que la phrase contenue dans le cadre ci-dessus dise la vérité ? Une seule solution possible.

▶ Solution p. 198.

Problème 92

Consonnes... voyelles...

Quels nombres écrits en toutes lettres faut-il inscrire dans chacun des deux espaces libres de cette phrase pour que son contenu fasse d'elle une phrase autoréférente ? Une seule solution possible.

Cette phrase est composée de .... consonnes et de .... voyelles.

▶ Solution p. 199.

Problème 93

Autoréférence réciproque

L'autoréférence peut aussi s'appliquer à une autre phrase. Ainsi, quels nombres écrits en toutes lettres permettent de compléter chacune de ces deux phrases pour que l'ensemble ainsi constitué, forme un système autoréférent ? Une seule solution possible.

> *1. La phrase suivante comporte .... consonnes.*
> *2. La phrase précédente comporte .... voyelles.*

▶ Solution p. 199.

Problème 94

C'est bien vrai, ça !

Vous voilà bien entraîné et prêt à résoudre ce casse-tête proposé au concours de *Jeux et Stratégie* dans son numéro 39 de juin-juillet 1986. Sa solution est unique. Ne partez pas à l'abordage sans avoir réfléchi. Ce genre de problème peut être résolu au moyen d'une méthode très simple connue par beaucoup d'étudiants dans d'autres domaines. Quels nombres écrits en toutes lettres faut-il inscrire dans chacun des trois espaces libres de la phrase ci-dessous, pour que son contenu fasse d'elle une phrase autoréférente ?

> *Dans cette phrase, on dénombre .... lettres qui se répartissent comme suit : .... consonnes pour .... voyelles.*

▶ Solution p. 200.

Problème 95

L'art de se mettre en quatre

Par quels nombres écrits en toutes lettres faut-il remplacer les pointillés pour que le contenu de ce cadre soit parfaitement exact ?

À l'intérieur de ce cadre, on trouve :

.... fois la lettre Q

.... fois la lettre U

.... fois la lettre A

.... fois la lettre T

.... fois la lettre R

.... fois la lettre E

► Solution p. 201.

Chapitre 13

Déplacements de pions et de jetons

Avec ce chapitre et le suivant, nous sortons des sentiers classiques des mathématiques. Pour résoudre ces problèmes, pas de recette miracle, vous devrez procéder par essais, tâtonner jusqu'à ce que vous trouviez la solution. En clair, vous êtes invité à résoudre de véritables casse-tête, dans le vrai sens du terme. Et si la solution est unique, vous ne pourrez l'affirmer que si vous avez épuisé toutes les combinaisons et cas de figure possibles. De même, une fois résolu un problème basé sur des successions de déplacements, comment être sûr que ce soit la solution optimale, c'est-à-dire celle qui nécessite le moins de déplacements. L'usage de l'ordinateur se montre alors parfois nécessaire, non pas pour résoudre ces problèmes, sinon quel intérêt, mais pour nous dévoiler toutes les solutions possibles et dans les cas de déplacements successifs, la solution optimale.

Rassurez-vous quant à la matière première. Pas besoin de matériel sophistiqué pour vous attaquer à ces problèmes. Faute de pions ou de jetons, une paire de ciseaux suffira pour vous découper quelques pions dans du carton fort, sans compter que, fidèles à nos principes, ces problèmes s'inscrivent dans la lignée des casse-tête qui se résolvent avec la méthode « papier-gomme-crayon » et un zeste de matière grise.

Problème 96

À saute-chiffres

	⑦	⑥	⑤	④	③	②	①	a

	①	②	③	④	⑤	⑥	⑦	b

Sept pions numérotés de 1 à 7 sont disposés sur sept des huit cases de ce taquin « unidimensionnel ». (schéma a). Les pions ne peuvent se déplacer que par sauts au-dessus d'un ou de plusieurs autres pions. Le nombre de pions ainsi « sautés » est au maximum égal au nombre inscrit sur le pion qui se déplace. À chaque saut, le pion déplacé doit venir occuper la case libre. Ainsi au début, seuls les pions 4, 5 et 6 peuvent se déplacer… Le pion 3 ne peut pas se déplacer, il faudrait qu'il saute au-dessus de quatre pions pour atteindre la case vide, or le nombre 4 lui est supérieur. Pour les mêmes raisons, les pions 1 et 2 ne peuvent non plus se déplacer, le pion 7 non plus, le déplacement devant se traduire par un saut au-dessus d'au moins un pion. Le jeu consiste à inverser l'ordre des pions en quinze sauts pour obtenir la disposition indiquée par le schéma b, mais attention, on vous interdit de toucher au pion n° 4.

► Solution p. 202.

Problème 97

Élimination à l'américaine

Douze pions numérotés de 1 à 12 sont disposés sur les 12 cases d'un plateau circulaire, à raison d'un pion par case. Les pions se déplacent dans le sens des aiguilles d'une montre. On ne peut déplacer qu'un pion à la fois et ceci d'un nombre de cases identique à celui indiqué par sa valeur (exemple : le pion 1, d'une case, le pion 2 de deux cases, etc.). Mais attention, un pion ne peut se déplacer que si la case d'arrivée est occupée par un autre pion. Ce dernier pion est alors retiré du jeu et le pion déplacé prend sa place (comme aux échecs). Par ailleurs, un pion qui vient de se déplacer, n'a pas le droit de se déplacer au coup suivant, il doit attendre au moins un tour. Comme au solitaire, le but du jeu est de se retrouver en fin de partie avec un seul pion après onze manœuvres, les autres pions ayant été éliminés chacun à leur tour.

▶ Solution p. 203.

Problème 98

L'octogone taquin

Ce casse-tête, d'apparence facile, est loin d'être évident. Huit jetons portant chacun une lettre du mot « OCTOGONE » sont justement placés aux sommets d'un octogone comme le montre la figure de gauche. Une neuvième case, libre au départ, est située au centre et reliée à quatre des sommets par deux diagonales perpendiculaires. Le but du jeu est d'amener par déplacements successifs les jetons dans la disposition de la figure de droite de manière à pouvoir lire OCTOGONE dans le sens des aiguilles d'une montre, mais cette fois-ci avec la lettre O dans la partie supérieure du taquin. Un jeton ne peut se déplacer vers une case voisine que si cette dernière est libre (pas plus d'un jeton par case), la case d'arrivée et celle de départ pour un même déplacement devant être reliées entre elles par un trait. Si vous avez trouvé le problème trop facile, vous pourrez vous amuser à résoudre ce taquin en disposant pour la configuration de départ les huit jetons au hasard, la configuration finale devant rester celle indiquée par la figure de droite. Le problème admet toujours une solution quelle que soit la disposition initiale des jetons, tantôt facile, tantôt difficile. Et si vous trouvez ce taquin encore trop facile, supprimez une des liaisons, voire une diagonale et pourquoi pas deux liaisons perpendiculaires.

Ce problème annoncé en 18 coups dans Jeux et Stratégie peut en fait se résoudre en douze coups, solution signalée par plusieurs lecteurs de la revue.

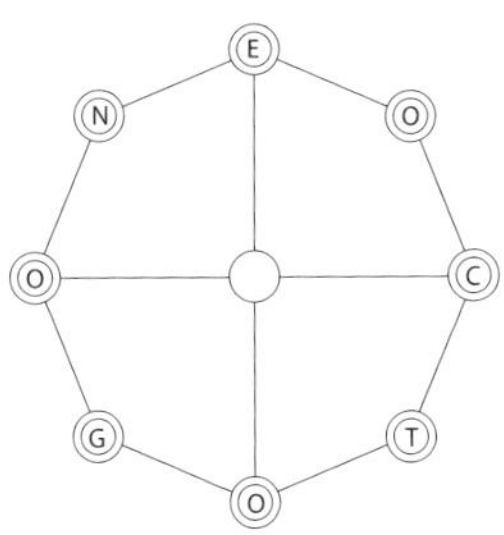

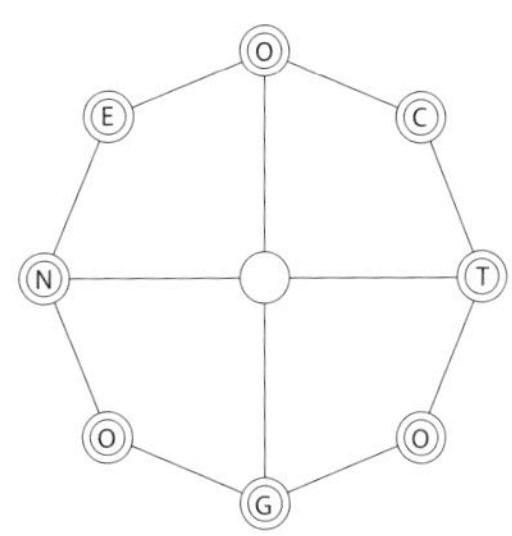

► Solution p. 203.

Problème 99

Permutations circulaires

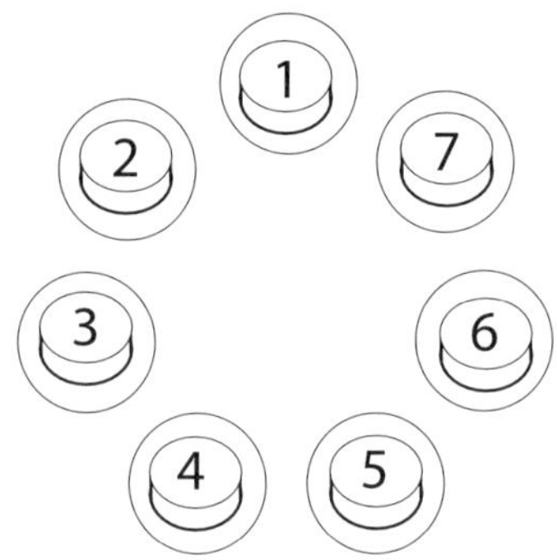

Sept pions numérotés de 1 à 7 sont placés dans l'ordre inverse de celui des aiguilles d'une montre sur les sept cases d'un plateau circulaire. Le but du jeu : les remettre dans leur ordre croissant, mais cette fois-ci dans le sens des aiguilles d'une montre. Pour ce faire, on choisit un pion et on le déplace d'autant de cases que l'indique son numéro dans le sens des aiguilles d'une montre. À l'issue du déplacement, il occupera la case d'arrivée et le pion qui occupait précédemment cette case sera automatiquement transféré sur la case laissée libre par le pion déplacé. Il existe une solution en sept coups. Saurez-vous la retrouver ?

En fin de partie, peu importe la case où commence la série 1-2-3-4-5-6-7, l'essentiel étant que les numéros aillent croissant dans le sens des aiguilles d'une montre. Dans ce problème, un même pion peut être déplacé à l'occasion de deux coups consécutifs, mais ce n'est pas une nécessité. Ce jeu peut s'étendre à un ensemble quelconque de n jetons. Le concours de la revue *Jeux et Stratégie* n° 40 d'août-septembre 1986 proposait aux concurrents de résoudre ce problème avec un ensemble de 13 pions numérotés de 1 à 13, en un minimum de coups. Les meilleurs candidats avaient donné une solution en 16 coups ; une de ces solutions est donnée dans la partie « solutions » avec cette particularité de ne pas toucher au pion n° 7.

▶ Solution p. 204.

Problème 100

Trois partout

Quinze billes sont réparties dans cinq trous. Le but du jeu est de se retrouver en fin de partie, après onze distributions exactement, avec trois billes dans chacun des cinq trous. Chaque distribution consiste à vider l'un des cinq trous de toutes ses billes, puis à les distribuer une par une dans les trous suivants, et ce, dans le sens

des aiguilles d'une montre en commençant par le trou situé juste après celui duquel les billes ont été retirées. Le trou duquel les billes ont été retirées participe également à la distribution; autrement dit, s'il arrive qu'on retire au moins cinq billes d'un trou, ce dernier se verra remettre la cinquième bille de la distribution, éventuellement la dixième si on retire au moins dix billes. La distribution se termine lorsque la dernière bille est déposée. Commence alors la distribution suivante par le choix d'un nouveau trou.

► Solution p. 204.

Problème 101

Awélé-monnaie

Ce problème est l'inverse du précédent, mais plus difficile. Vous disposez de quinze pièces de monnaie, réparties dans cinq trous disposés en cercle, à raison de trois pièces par trou. Le principe des distributions est identique à celui du jeu précédent : chaque distribution consiste à retirer toutes les pièces d'un trou et à les déposer une par une, dans le sens des aiguilles d'une montre, dans les trous suivants y compris dans le trou duquel ont été retirées les pièces si celui-ci comptait au moins cinq pièces avant le début de la distribution. Lorsque la dernière pièce est déposée, vous choisissez un nouveau trou pour entamer la distribution suivante. Le but du jeu : obtenir la répartition suivante dans le sens des aiguilles d'une montre : une pièce dans un premier trou, deux pièces dans le trou suivant, trois pièces dans le troisième trou, quatre pièces dans le quatrième et cinq pièces dans le dernier. Il existe une solution en 9 coups, étonnante d'ailleurs.

► Solution p. 206.

Problème 102

Variations sur la rumba

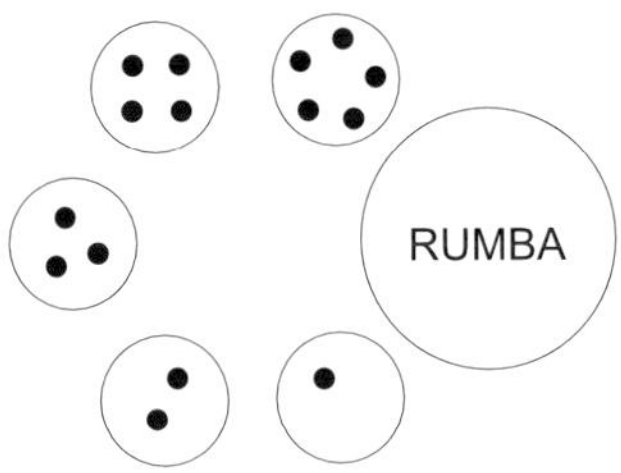

Ce problème difficile est inspiré d'un jeu russe, la Tchouka; simplement la répartition initiale des billes a été modifiée pour en faire un casse-tête. Le jeu est constitué de cinq alvéoles, contenant respectivement une, deux, trois, quatre et cinq billes, et d'une sixième alvéole appelée la *rumba* et vide en début de partie. Le déroulement du jeu est simple : on choisit une alvéole autre que la rumba. On retire toutes les billes qui s'y trouvent et dans le sens des aiguilles d'une montre, on les distribue une à une dans chacune des alvéoles suivantes, y compris la rumba, mais aussi l'alvéole de départ dans le cas où le nombre de billes retirées serait supérieur ou égal à 6. Une fois cette distribution terminée, on retire toutes les billes contenues dans l'alvéole d'arrivée, et donc y compris celle (s) déposée (s) durant la distribution qui vient de se terminer et on commence une nouvelle distribution à partir de l'alvéole suivante et ainsi de suite jusqu'à ce que le coup soit terminé, c'est-à-dire lorsque :

- la dernière bille distribuée tombe dans une alvéole vide autre que la rumba; la partie est alors perdue, il faut tout reprendre à zéro;
- la dernière bille tombe dans la rumba et la partie peut continuer. On choisit alors une alvéole non vide autre que la rumba, point de départ d'une nouvelle série de distributions…

Le but du jeu est d'amener les quinze billes dans la rumba. La solution existe et surtout, elle est unique.

► Solution p. 207.

Problème 103

Les cavaliers taquins

Ce problème s'inspire à la fois du jeu d'échecs et du taquin. En fin de partie, chaque cavalier doit se retrouver sur la case portant le même numéro que le sien. Les cavaliers se déplacent comme au jeu d'échecs et un cavalier ne peut se déplacer que s'il a accès à la case laissée libre à l'issue du déplacement précédent, le premier déplacement s'opérant obligatoirement vers la case n° 16. À vous de jouer !

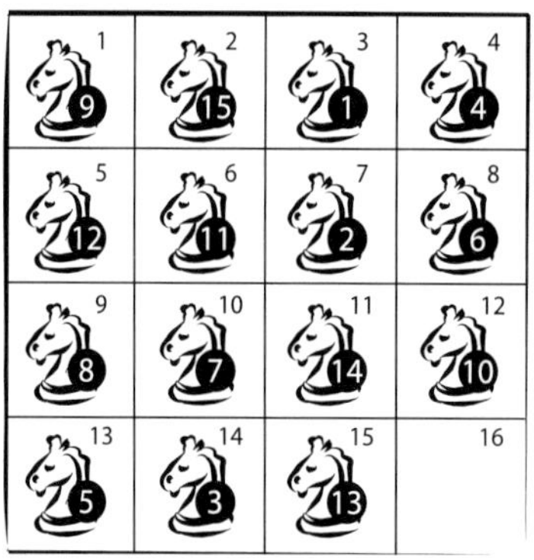

▶ Solution p. 208.

Chapitre 14

Puzzles particuliers

Comme le chapitre précédent, celui-ci s'adresse aux vrais amateurs de casse-tête. Avant de venir à bout et de percer les secrets de ces puzzles, il faudra vous armer de patience, procéder à de multiples essais et tâtonner. Cela dit, la réflexion ne doit pas être délaissée pour autant. Dans la plupart des cas, elle sera, avec l'intuition, votre meilleure conseillère. Si vous êtes bricoleur, voici l'occasion d'enrichir votre collection de casse-tête ; si ce n'est pas le cas, il vous restera toujours la possibilité de les résoudre par la méthode bien connue du « crayon-gomme-papier ».

Problème 104

Le jeu des six bandes

Ce casse-tête se compose de six bandes rectangulaires 3×1. Elles sont formées par la juxtaposition de trois carrés identiques. Chacun de ces carrés est soit percé en son centre d'un trou circulaire, soit

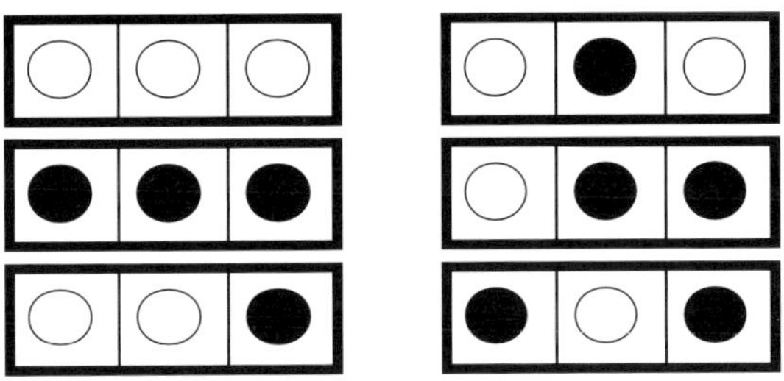

recouvert d'une pastille noire de même dimension que les trous des autres carrés. Le but du jeu est de former, à partir de ces six bandes, représentées ci-dessus, deux couches carrées 3×3, l'une avec trois bandes disposées horizontalement (figure 1), l'autre avec trois bandes disposées verticalement (figure 2), de manière que, si on superpose les deux couches, les neuf pastilles soient visibles.

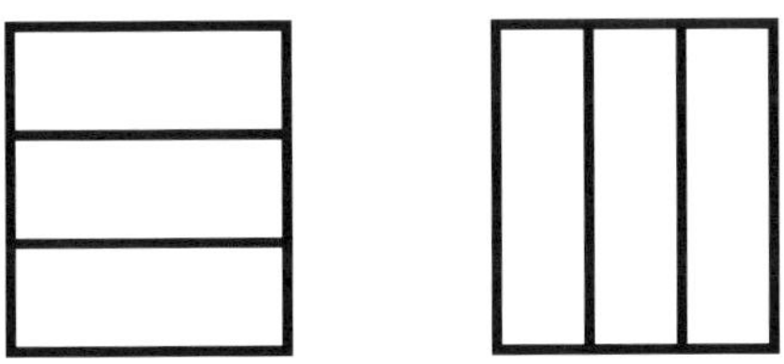

Figure 1 Figure 2

▶ Solution p. 209.

Problème 105

Les quadrisegments

À la manière des pentaminos, on peut imaginer un puzzle dont les pièces seraient constituées par quatre segments identiques, réunis entre eux soit perpendiculairement, soit par prolongement, de façon que les figures ainsi obtenues puissent se superposer aux lignes d'un quadrillage régulier. En respectant ces règles, il est possible de former 16 quadrisegments différents, tous représentés ci-dessous. En utilisant quinze de ces quadrisegments, saurez-vous recouvrir les 60 segments de la grille 5 × 5 ci-dessous ?

Le nombre de segments de la grille étant pair, aussi bien verticalement qu'horizontalement, la pièce écartée sera obligatoirement un quadrisegment impair (n° 7, 8, 9, 15 ou 16) : quelle que soit l'orientation de ces quadrisegments, le nombre de segments verticaux et celui des segments horizontaux sont impairs.

Attention ! Si deux pièces peuvent se toucher (pointe contre pointe, bord ou coin, coin contre coin, deux pièces ne peuvent pas se croiser (*cf.* figure). En revanche, les pièces peuvent être retournées.

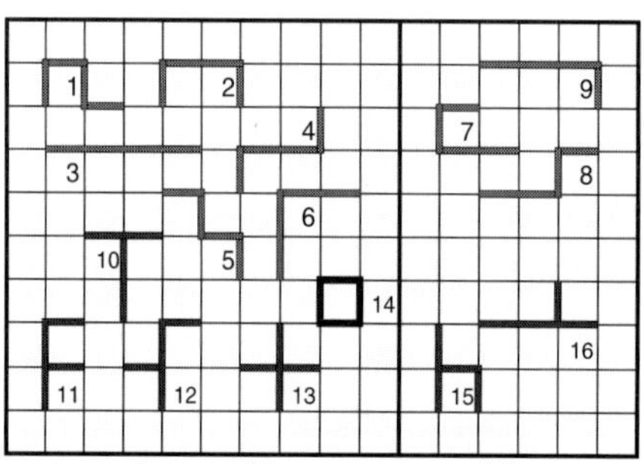

Les seize quadrisegments possibles

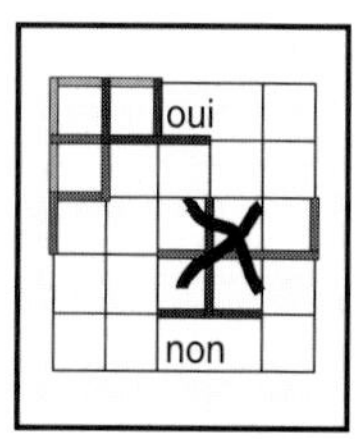

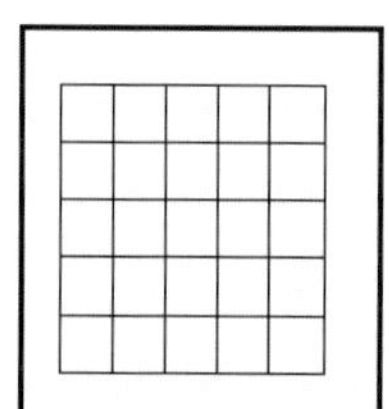

Grille à réaliser

▶ Solution p. 210.

Problème 106

Le Serpent

En partant de l'étoile, il s'agit, en suivant les lignes du quadrillage, de passer par les 36 intersections du réseau quadrillé sans passer deux fois par la même, ce qui serait enfantin sans la contrainte suivante :

Quel que soit l'itinéraire choisi, celui-ci est toujours composé de 36 segments-unités et peut donc être décomposé en 9 sections successives de quatre segments chacune.

Ce qu'on vous demande, c'est de trouver un itinéraire pour lequel les neuf sections sont toutes différentes, que ce soit par rotation ou par retournement, ce qui n'est pas le cas avec l'exemple ci-dessous (en effet, les sections 2 et 8 sont identiques, de même que les sections 7 et 9). Il s'agit d'un casse-tête difficile n'admettant que cinq solutions différentes, la solution idéale étant celle pour laquelle le passage d'une section à la suivante s'opère par un changement de

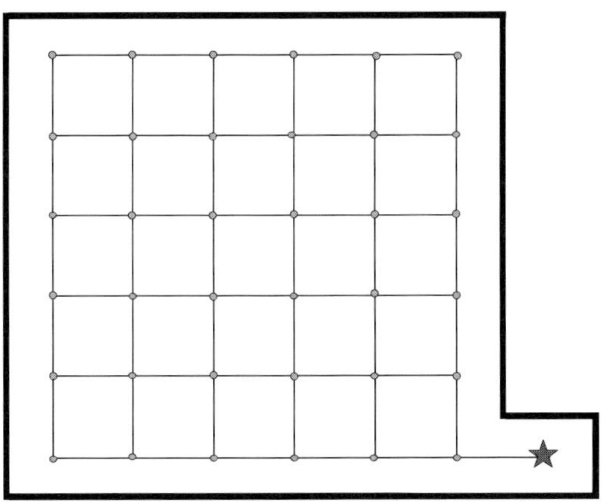

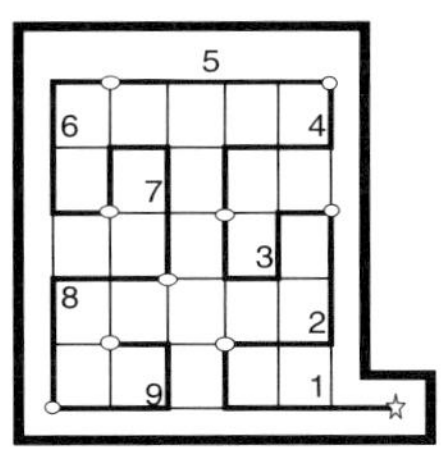

direction, comme c'est le cas dans notre exemple pour le passage des sections 1 à 2, 2 à 3, 4 à 5, 6 à 7, 7 à 8 et 8 à 9. Au contraire, les passages de 3 à 4 et de 5 à 6 s'opèrent en continuant le chemin en ligne droite.

► Solution p. 210.

Problème 107

Domino-puzzle

Jeu d'adresse intellectuelle, les puzzles de dominos ne datent pas d'hier. On peut cependant regretter de ne pas les rencontrer plus souvent dans les rubriques de jeux mathématiques ou même dans les boîtes de jeux éducatifs ou encore en activité d'éveil dans les grandes classes de l'enseignement primaire, avec des dominos colorés (dominos pour lesquels des pastilles de couleurs seraient substituées aux points).

Le principe

Les 28 dominos d'un jeu classique sont disposés de façon à former une grille rectangulaire de 8×7. Cette grille a été recopiée en indiquant dans chaque case la valeur en points du dé[1] correspondant, mais en occultant les contours des dominos. Le but du jeu, vous l'avez deviné : retrouver la disposition exacte de chaque domino dans

1. Chacune des parties d'un domino s'appelle un dé.

la grille initiale. La grille qui vous est proposée est une grille idéale en ce sens que :

- pour chaque domino pris séparément, il existe au moins deux emplacements distincts sur la grille;
- la solution est unique; si vous voulez réussir, il vous faudra donc trouver le site unique sur lequel devra venir se placer chaque domino même si, a priori, plusieurs sites d'accueil sont possibles.

	A	B	C	D	E	F	G	H
1	3	1	6	4	5	0	1	6
2	4	1	4	4	2	6	0	3
3	4	3	0	0	3	6	0	3
4	0	0	5	4	3	6	1	1
5	2	2	5	2	5	6	6	2
6	5	3	6	2	2	2	5	5
7	1	4	0	3	4	1	1	5

Si ce jeu vous a plu, rien ne vous interdit de composer vos propres grilles à partir d'un jeu complet de 28 dominos et, si possible, de construire des grilles idéales selon les deux critères indiqués ci-dessus.

▶ Solution p. 211.

Problème 108

Carré latin de dominos

La figure ci-dessous nous montre comment réaliser un carré latin 6×6 avec 18 dominos classiques.

Un tel carré est caractérisé par les propriétés suivantes :

- les 6 dés contenus dans une même rangée sont tous de valeur différente;
- les 6 dés contenus dans une même colonne sont tous de valeur différente;
- les 6 dés contenus dans chacune des deux grandes diagonales sont tous de valeur différente.

Peut-on, avec ces mêmes 18 dominos, reconstituer un carré latin respectant ces trois conditions, avec tous les dominos disposés horizontalement comme sur la figure de droite. La réponse est oui et bon courage !

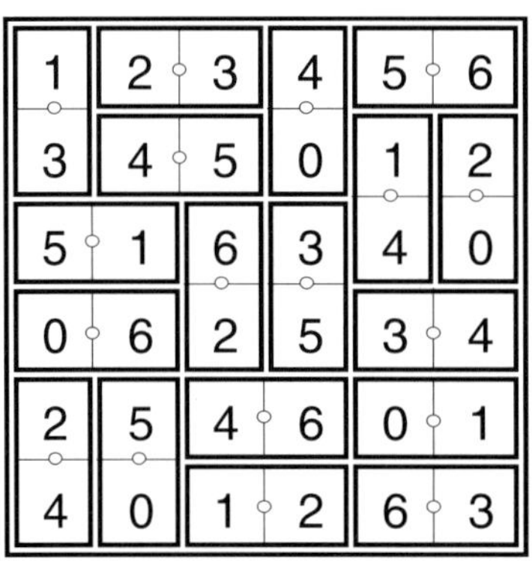

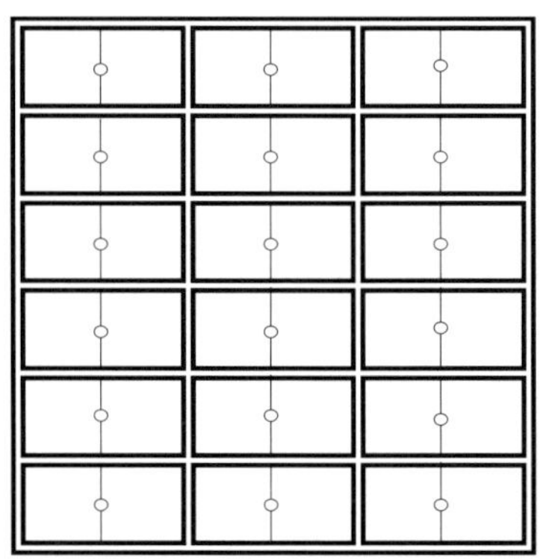

► Solution p. 212.

Problème 109

Immeuble de dominos (1)

Les doubles étant retirés d'un jeu de dominos classique, peut-on disposer les 21 qui restent en un immeuble de 7 étages constitués de 3 dominos chacun de manière que :

– les 6 dés constituant un même étage soient tous de valeur différente ;
– les 7 dés constituant une même colonne soient tous de valeur différente.

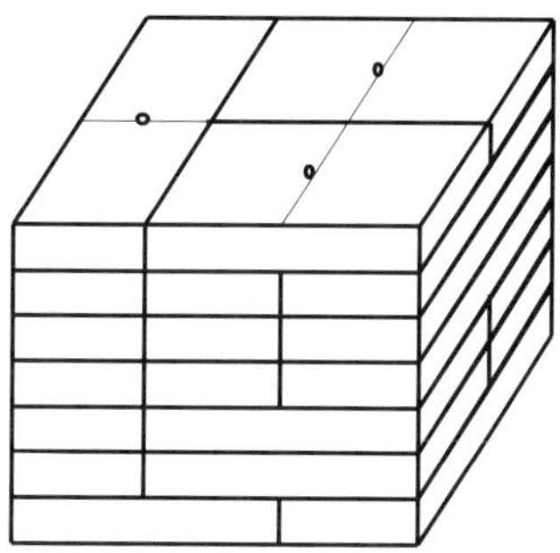

Chaque étage devra être de forme rectangulaire 3×2 et se superposer à celui de dessous. En revanche, la disposition des 3 dominos à l'intérieur de l'étage reste libre, chacune des trois dispositions suivantes pouvant être adoptée, indépendamment de la disposition des autres étages.

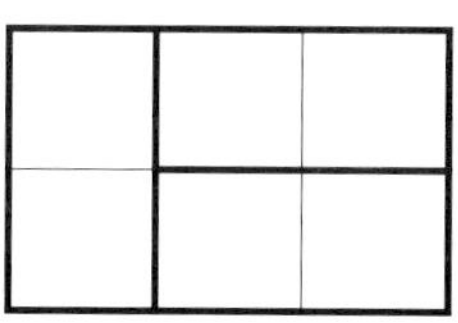

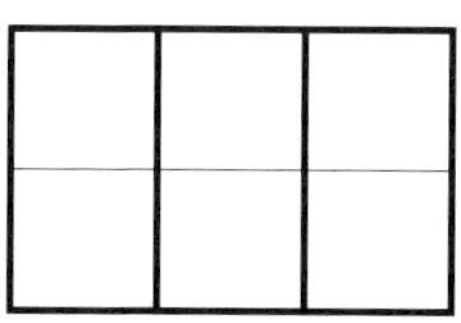

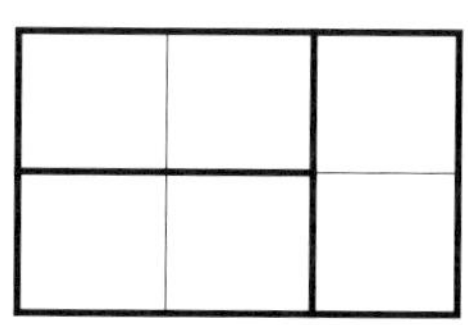

Si vous avez trouvé le casse-tête trop facile, rien ne vous empêche de rechercher des configurations pour lesquelles la disposition des dominos reste identique d'un étage à l'autre.

▶ Solution p. 212.

Problème 110

Immeuble de dominos (2)

Ce casse-tête ressemble au précédent. À partir de deux jeux complets, on a retiré tous les dominos comportant au moins un dé Blanc ou un As. Les 30 dominos restants (15 par jeu) peuvent être utilisés pour construire un immeuble de 3 étages 4×5, comportant chacun 10 dominos de manière que les 3 dés constituant chaque colonne soient tous de même valeur.

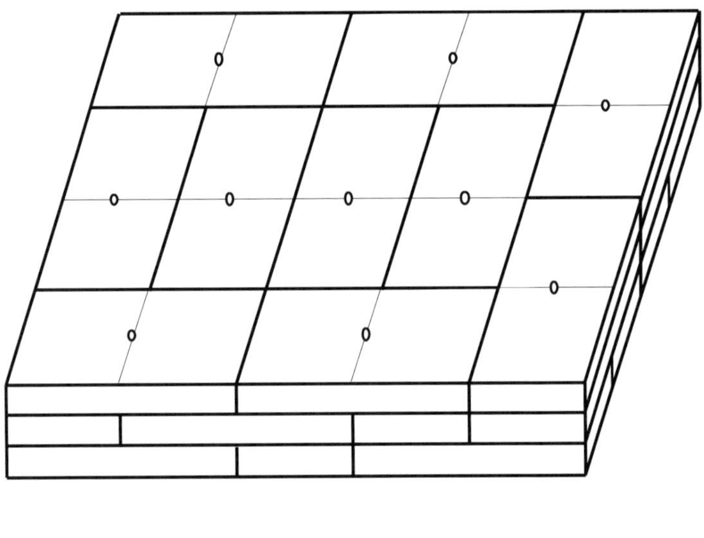

La figure ci-après nous montre une solution possible avec la configuration des dominos dans chacun des trois étages. Seul défaut : deux dominos identiques sont parfois situés à un même étage. C'est ainsi qu'on retrouve les deux Quatre – Trois au 3e étage, les deux Double Cinq au 1er étage.

2	2	3	3	4
5	4	6	5	4
5	2	6	5	6
3	2	6	3	4

Étage n° 1

2	2	3	3	4
5	4	6	5	4
5	2	6	5	6
3	2	6	3	4

Étage n° 2

2	2	3	3	4
5	4	6	5	4
5	2	6	5	6
3	2	6	3	4

Étage n° 3

Problème posé : trouvez une solution pour laquelle les 10 dominos d'un même étage sont tous différents, les 3 dés d'une même colonne étant de même valeur.

▶ **Solution p. 213.**

Solutions des casse-tête

Chapitre 1

Des inconnues nommées « désirée »

Problème 1

Problème de robinets

Si V est le volume du lavoir, a, b et c les débits respectifs de chaque robinet, on a :

$$\frac{V}{a+b} = 70 \quad (1) \qquad \frac{V}{a+c} = 50 \quad (2) \qquad \frac{V}{b+c} = 56 \quad (3),$$

l'unité de temps étant la minute. Le temps mis par les trois robinets pour remplir le lavoir, quand ils sont tous les trois ouverts, est donné par l'expression :

$$\frac{V}{a+b+c}$$

Inversons (1), (2) et (3) et additionnons. On obtient :

$$\frac{2(a+b+c)}{V} = \frac{1}{70} + \frac{1}{50} + \frac{1}{56} = \frac{73}{1\,400}$$

Inversons à nouveau, il vient :

$$\frac{V}{a+b+c} = \frac{2\,800}{73} = 38 \text{ min } 21 \text{ s.}$$

Quand les trois robinets sont ouverts, le lavoir se remplit donc en 38 minutes et 21 secondes.

Problème 2

La mouche du régiment

Désignons par d la distance parcourue par le régiment entre le départ de la mouche et le moment où elle atteint le 1er rang. La mouche a parcouru pendant ce temps : $d + 50$. Le rapport de ces distances parcourues durant le même temps est égal au rapport k des vitesses respectives de la mouche et du régiment soit : $k = (d + 50)/d$ (1)

Pendant le temps que met la mouche à revenir au dernier rang, elle parcourt une distance égale à d (le dernier rang passe le portail d'entrée), tandis que le régiment parcourt une distance égale à $50 - d$. Le rapport de ces distances est aussi égal au rapport k des vitesses respectives de la mouche et du régiment, exprimé par (1). On en déduit :

$$d/(50 - d) = (d + 50)/d,$$

relation qui devient, après simplification :

$$d^2 = 1\,250, \text{ soit } d = 35{,}355 \text{ m.}$$

La mouche a donc parcouru au total : $(d + 50 \text{ m}) + d = 120{,}71$ m.

Problème 3

Les deux peintres

Désignons par N le nombre de plaques peintes par chacun des peintres. Il y a donc au total $2N$ plaques. Suivant le nombre n de chiffres de N ou de $2N$ ($n = 1$, 2 ou 3), le nombre de chiffres nécessaires à l'écriture de tous les nombres de 1 à N est donné en 2e colonne (lettre A) tandis que le nombre de chiffres nécessaires à l'écriture de tous les nombres de 1 à $2N$ est donné en 3e colonne (lettre B).

Le moins rapide des peintres peint 4 chiffres pendant que son collègue en peint 5. Le nombre A de chiffres peints par lui est donc aussi égal aux 4/9 du nombre total B de chiffres peints par les deux à la fois, valeur que nous portons en 4e colonne (lettre C).

n	A	B	C
1	N (1)	$2N$	$8N/9$ (4)
2	$2N-9$ (2)	$4N-9$	$16N/9-4$ (5)
3	$3N-108$ (3)	$6N-108$	$8N/3-48$ (6)

Il ne reste plus qu'à résoudre les équations données par A = C. Deux cas peuvent se présenter :

1er cas : N et $2N$ ont chacun un nombre de chiffres, différent. On est alors ramené à résoudre les deux équations : (1) = (5), ce qui donne $N = 36/7$ et (2) = (6) qui donne $N = 117/2$, valeurs impossibles pour N entier.

2e cas : N et $2N$ ont chacun le même nombre de chiffres. On est alors ramené à résoudre les trois équations : (1) = (4) qui donne $N = 0$, (2) = (5) qui donne $N = 45/2$, valeur impossible pour N entier, et (3) = (6) qui donne $N = 180$, valeur possible.

Le nombre $2N = 360$ nous donne le nombre de maisons de la rue.

Problème 4

Critérium cycliste

Désignons par x le chemin parcouru par Louis entre deux passages consécutifs des coureurs qui passent à sa hauteur et par y celui que Philippe parcourt entre deux passages consécutifs des coureurs à son niveau. Philippe voit passer les coureurs pour la 1re fois lors du 1er tour, pour la 2e fois lors du 2e tour… et pour la 9e fois lors du 9e tour. Quand Philippe rejoint Louis, il a donc parcouru $9y$. Puis Louis voit passer les coureurs pour la 1re fois lors du 2e tour, pour la 2e fois lors du 3e tour et ainsi de suite de sorte que lorsque Philippe et Louis se rejoignent, celui-ci a parcouru $8x$. La longueur du circuit est donc :

$$9\,y + 8\,x \ (1).$$

Philippe voit passer les coureurs pour la $(n-1)^{\text{ème}}$ fois lors de leur $(n-1)^{\text{ème}}$ tour et il les revoit à la fin de ce tour soit la $n^{\text{ème}}$ fois lorsqu'ils entament leur dernier tour. Il a alors parcouru la distance ny qui est aussi la longueur du circuit (2). Quant à Louis, en arrivant dans les tribunes, il a vu passer les coureurs pour la $(n-7)^{\text{ème}}$ fois quand ils terminaient le $(n-6)^{\text{ème}}$ tour. Il avait alors parcouru $(n-7)x$ qui est aussi la distance du circuit (3).

$$(1) = (2) = (3),\ (1) \text{ et } (2) \Rightarrow 8\,x = (n-9)y \qquad (4)$$

$$(2) \text{ et } (3) \Rightarrow (n-7)x = ny \qquad (5)$$

Divisons membre à membre (4) et (5). Il vient :

$$\frac{8}{n-7} = \frac{n-9}{n},$$

expression qui se simplifie et se réduit en : $n^2 - 24n + 63 = 0$, équation du deuxième degré qui admet pour racines $n = 3$ (impossible) et $n = 21$. Les coureurs devaient donc couvrir au total 21 tours de circuit.

Problème 5

Les gares d'autocars

Si n était le nombre de gares desservies auparavant, chaque gare émettait $(n-1)$ billets différents, soit un total de $n(n-1)$ billets différents pour l'ensemble de la compagnie. Si p est le nombre de gares supplémentaires, il y a aujourd'hui $(n+p)$ gares qui émettent chacune $(n+p-1)$ billets différents, soit un total de $(n+p)(n+p-1)$ types de billets différents. Le nombre de billets supplémentaires est donc :

$$(n+p)(n+p-1) - n(n-1) = 2np + p^2 - p.$$

Or ce nombre est égal à 76 d'après l'énoncé, soit :

$$p(2n + p - 1) = 76 \text{ avec } p > 1$$

$2n + p - 1$ et p sont de parités différentes. La seule possibilité est donc :

$$p = 4 \text{ et } 2n + p - 1 = 19.$$

On en déduit : $n = 8$ et $n + p = 12$, nombre de gares desservies actuellement par la compagnie.

Problème 6

Famille nombreuse

Plaçons-nous deux ans auparavant. L'aîné ne pouvait pas avoir 5 ans; en effet, comme il y a eu une naissance chaque année, la somme des âges serait au minimum $1 + 2 + 3 + 4 + 5 = 15$, or il n'y avait que 14 bougies. Au 1er avril 2001, l'aîné avait donc au maximum 4 ans (1).

Plaçons-nous maintenant au 1er avril 2003 et désignons par x le nombre d'enfants nés avant 2001, y celui des enfants nés en 2001 et z celui des enfants nés en 2002. Le nombre de bougies supplémentaires en 2003 par rapport à 2001 est :

$$2x + 2y + z = 14 \qquad (2)$$

De (2), on déduit z pair, $(x + y)$ au maximum égal à 6 et donc x au maximum égal à 5.

En 2001, si l'aîné avait 3 ans, la somme maximum des âges avec chaque âge représenté et x au maximum égal à 5, serait : $1 + 2 + 3 \times 3 = 12$, or il y avait 14 bougies. De la même façon, on démontrerait qu'en 2001, l'aîné ne pouvait avoir ni 2, ni 1 an.

De (1), on déduit que l'aîné avait 4 ans en 2001 et, chaque âge étant représenté ($4 + 3 + 2 + 1 = 10$ ans), le 5e enfant (maximum possible) ne pouvait avoir que 4 ans, pour porter le total des bougies à 14. On déduit de (2) :

$$y = 1 \text{ et } z = 2.$$

Ce qui donne :

- âges au 1er avril 2003 : $6 - 6 - 5 - 4 - 3 - 2 - 1 - 1 = 28$ (eh oui ! il y a eu des jumeaux par deux fois);
- âges au 1er avril 2001 : $4 - 4 - 3 - 2 - 1 = 14$.

Au 1er janvier 2003, Olivia et Robert avaient donc 8 enfants. Le troisième qui a eu 5 ans au 1er avril 2003, est né en 2000.

Problème 7

Le rapport du ministre des jeux

Soient n le nombre total des pages du rapport et p celui de la première partie. La somme des numéros pour l'ensemble du rapport est :

$$1 + 2 + 3 + ... + n = \frac{n(n+1)}{2} \quad (1)$$

De même, la somme des numéros des p pages de la première partie est :

$$\frac{p(p+1)}{2} \quad (2)$$

Celle relative à la deuxième partie est la même soit :

$$\frac{p(p+1)}{2} \quad (3)$$

On a (1) = (2) + (3) qui, après simplification, se réduit à l'équation du deuxième degré :

$$2p^2 + 2p - n^2 - n = 0 \quad (4)$$

de laquelle on déduit :

$$p = \frac{1}{2}\left(-1 + \sqrt{1 + 2n^2 + 2n}\right) \text{ (avec } p \text{ et } n \text{ entiers).}$$

On a donc $1 + 2n^2 + 2n$ = carré parfait ou $n^2 + (n + 1)^2$ = carré parfait. n est donc tel que son carré, ajouté au carré de son successeur soit aussi un carré parfait (côtés d'un triangle rectangle). La seule valeur de n comprise entre 6 et 100 vérifiant cette condition est 20, qui portée dans l'expression avec le radical, nous donne $p = 14$.

Le rapport contient donc 20 pages (somme des nombres de 1 à 20 = 210), et sa première partie 14 pages (somme des nombres de 1 à 14 = 105).

Nota : il n'est pas nécessaire de tester toutes les valeurs de $n = 6$ *à* $n = 100$ *pour vérifier si* $n^2 + (n + 1)^2$ *est un carré parfait. La preuve par 9 permet d'éliminer les valeurs de n égales à 1, 4 ou 7 modulo 9 ; de même, on peut démontrer que* n *ne peut pas se terminer par 2 ou par 7. D'autres petites astuces permettent d'éliminer certaines autres valeurs de* n.

Problème 8

Le gagnant

Soient n le nombre de parties jouées et p le rang de celle gagnée par Frédéric. Si Frédéric avait perdu toutes ses parties, il aurait distribué au total :

$1 + 2 + 3 + \ldots + n$ pièces de 1 euro soit : $\dfrac{n(n+1)}{2}$ pièces.

Or il a gagné la $p^{\text{ème}}$, il a donc déboursé au total :

$$\frac{n(n+1)}{2} - p,$$

et reçu $3p$ de la part de ses trois amis. En fin de soirée, il a autant d'argent qu'il en avait au début; ces deux sommes se compensent. On a donc :

$$\frac{n(n+1)}{2} - p = 3p,$$

équation qui peut encore s'écrire :

$$p = \frac{n(n+1)}{8}$$

Si $n \geq 8$, on a $p > n$ (impossible). On a donc $n\ (n + 1)$ divisible par 8 avec $n < 8$. La seule possibilité est $n = 7$ qui donne aussi $p = 7$. Nos amis ont donc joué 7 parties et Frédéric a gagné la dernière. Durant les six premières, il a déboursé $1 + 2 + 3 + 4 + 5 + 6 = 21$ euros et à la septième, il a récupéré 7 euros auprès de chacun de ses 3 collègues, c'est-à-dire les 21 euros qu'il leur avait donnés.

Problème 9

L'étape des Champs-Élysées

Désignons par u la vitesse des coureurs dans la montée, v leur vitesse dans la descente et m la distance entre le haut de l'avenue et l'endroit M où j'étais placé. Pour aller de M en montée à M en descente, le coureur de tête a roulé pendant le temps :

$$\frac{m}{u} + \frac{m}{v}$$

Celui de queue a parcouru durant ce temps 120 mètres à la vitesse u, temps égal à $120/u$. On a donc :

$$\frac{m}{u} + \frac{m}{v} = \frac{120}{u} \qquad (1)$$

Pour aller de M en montée à M en descente, le coureur de queue a roulé pendant le temps :

$$\frac{m}{u} + \frac{m}{v}$$

Durant ce temps, le coureur de tête a parcouru 200 mètres à la vitesse v, temps égal à $200/v$. On a donc :

$$\frac{m}{u} + \frac{m}{v} = \frac{200}{v} \qquad (2)$$

De (1) et (2), on tire :

$$\frac{120}{u} = \frac{200}{v}$$

soit $u = 3\,v/5$. (1) devient :

$$\frac{5m}{3v} + \frac{3m}{3v} = \frac{200}{v},$$

équation de laquelle on déduit m = 75. J'étais donc placé à 75 mètres du haut de l'avenue.

Problème 10

Le bon départ

Si A est le premier nombre et B le deuxième, le troisième s'écrit A + B, le quatrième A + 2B, le cinquième 2A + 3B et ainsi de suite jusqu'au dixième qui s'écrit : 21A + 34B. Il faut donc résoudre 21A + 34B = 2003 (1), soit 21A + 21B + 13B = $95 \times 21 + 8$.

En divisant par 21 chaque membre de cette équation, on déduit : 13B = 8 + 21k avec k entier (2).

8 + 21k est donc un multiple de 13, condition obtenue pour k de la forme : $12 + 13n$, ce qui nous donne alors $B = 20 + 21n$. On en déduit de (1) : $A = 63 - 34n$.

La seule valeur de n pour laquelle on a $A < B$ est $n = 1$, qui donne A = 29 et B = 41.

On vérifie en écrivant la série des 10 premiers termes : 29, 41, 70, 111, 181, 292, 473, 765, 1 238, 2 003.

Chapitre 2

Inconnues, s'abstenir

Problème 11

L'abeille et le peloton

L'énoncé ne précise pas si les bornes hectométriques sont vues par les coureurs dans le sens croissant des numéros ou dans le sens décroissant. Il y a donc deux cas possibles.

1er cas. Les bornes hectométriques sont vues par les coureurs dans le sens croissant des numéros. L'abeille a donc parcouru 2 fois la distance de la borne kilométrique à la borne hectométrique 9 (aller-retour) + distance de la borne kilométrique à la borne 6 soit : 200 + 600 = 800 m. Quant au peloton, il a parcouru pendant ce temps 600 m. La vitesse du peloton est donc égale aux 6/8 de celle de l'abeille, soit 75 %. Pendant la première partie du vol, l'abeille a parcouru 100 m pour retrouver la queue du peloton qui se trouve donc aussi à 100 m de la borne kilométrique. Pendant ce même temps, la tête du peloton a parcouru 100 m × 75 % soit 75 m depuis la borne kilométrique. La longueur du peloton est la somme de ces deux distances encadrant la borne kilométrique soit : 100 + 75 = 175 m.

2e cas. Les bornes hectométriques sont vues par les coureurs dans le sens décroissant des numéros. L'abeille a donc parcouru 2 × 900 m + 400 = 2 200 m, pendant que le peloton parcourt 400 m, avec un rapport des vitesses de 400 / 2 200 soit 2/11. Avec un raisonnement identique au précédent, on déduit la longueur du peloton égale à 900 + 900 × 2/11 = 1 064 m. Ce deuxième cas est à écarter : un peloton de 80 coureurs qui s'étend sur une distance de plus d'un kilomètre et une abeille volant 5,5 fois plus vite que les coureurs, c'est peu probable.

Problème 12

Château de cartes

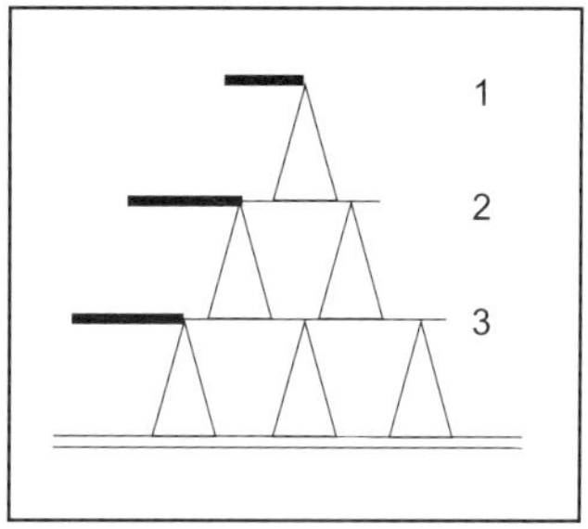

Ajoutons à chaque assemblage en V retourné une carte fictive horizontale, lorsqu'il est situé à gauche d'un étage et numérotons les étages à partir du haut. À l'étage 1, nous avons un assemblage, à l'étage 2, deux assemblages, à l'étage 3, trois assemblages et ainsi de suite jusqu'à l'étage n qui comporte n assemblages, soit au total $n(n + 1)/2$ assemblages constitués chacun de 3 cartes, y compris les cartes fictives horizontales. Comme à chaque étage, on a rajouté une carte fictive, le nombre de cartes réelles utilisées à la construction du château est égal à :

$$\frac{3n(n+1)}{2} - n = \frac{3n^2 + n}{2} \qquad (1)$$

On a 78 cartes. La plus grande valeur de n pour laquelle l'expression (1) ci-dessus est inférieure à 78 est 7. La hauteur maximale du château est donc de 7×11 cm = 77 cm et sa construction nécessiterait 77 cartes, nombre obtenu en remplaçant n par 7 dans l'expression (1). Une carte est donc inutilisée.

Problème 13

Induction et déduction

Désignons par abc le numéro de la dernière page d'un des chapitres. On a $abc = 100\,a + 10\,b + c$ (a pouvant être nul). Ce chapitre contient $(a + b + c)$ pages. Le numéro de la dernière page du chapitre précédent est donc $100\,a + 10\,b + c - a - b - c = 99\,a + 9\,b$ = multiple de 9.

Conclusion : la dernière page de chaque chapitre qui précède un autre est un multiple de 9 et chaque chapitre qui précède un autre contient donc un nombre de pages, multiple de 9. Celui qui ne contient que 8 pages est donc le dernier qui comporte la page 112. D'après l'énoncé, c'est le chapitre le plus court et la somme des chiffres de sa dernière page est 8. La seule possibilité est que ce chapitre se termine à la page 116. Connaissant la dernière page d'un chapitre, on déduit, grâce à la somme des chiffres de son numéro, le nombre de pages de ce chapitre et donc, par différence, le numéro de la dernière page du chapitre précédent. En partant de 116, on obtient par analyse rétrograde le tableau suivant :

n° de la dernière page	116	108	99	81	72	63	54	45	36	27	18	9
Nombre de pages	8	9	18	9	9	9	9	9	9	9	9	9

Le traité contient donc 116 pages réparties en 12 chapitres et le plus long est le 10e qui comporte 18 pages.

Problème 14

Combien ai-je dépensé ?

Le montant de mes achats est de la forme : A euros, et A centimes. Le montant en poche avec lequel j'aurais dû sortir si la caissière avait eu la monnaie suffisante est de la forme : B euros, et $2B$ centimes avec $B < 50$. La somme de ces deux quantités est de la forme : $2C$ euros, et C centimes, ce qui donne :

$$\begin{array}{ccc} & A, & A \\ + & B, & 2B \\ \hline = & 2C, & C \end{array}$$

Si $A + 2B < 100$, et donc $A + 2B = C$, on ne peut pas avoir $A + B = 2C$ en 1re colonne (hypothèse à rejeter). On a donc $A + 2B > 100$ et $A + 2B = 100 + C$ (1).

Et il y a retenue pour les euros, soit $1 + A + B = 2C$ (2). En éliminant C de (1) et de (2), on obtient : $A + 3B = 201$ (3). Le total est un multiple de 10 en centimes; on a donc $A + 2B$ qui se termine par 0 (4).

De (3) et de (4), on déduit que B se termine par 1. On sait aussi $B < 50$ depuis le début. Comme A vaut au plus 99, on déduit de (3) que B vaut au plus $(201 - 99) / 3 = 34$. On a donc B compris entre 34 et 50, se terminant par 1. Seule possibilité : $B = 41$. On déduit de (3) : $A = 78$, et de (1) : $C = 60$. En rentrant dans le magasin, j'avais donc en poche 120,60 euros. J'ai acheté pour un montant de 78,78 euros; il aurait dû me rester en conséquence 41,82 euros, mais faute de monnaie, je suis ressorti du magasin avec 41,80 euros.

Problème 15

Les bons contes

Ce problème est un vrai casse-tête avec deux pièges.

Premier piège : on ne sait pas si l'ensemble des quatre premiers contes et celui des trois derniers sont disjoints (au minimum 7 contes) ou s'ils ont une intersection commune (cinq ou six contes).

Deuxième piège : « un de ces deux contes comporte 45 pages de plus que celui qui le précède ». Cette phrase admet deux interprétations, ce qui obligera à étudier à chaque fois les deux possibilités :

1. le premier de ces deux contes a 45 pages de plus qu'un conte dit « normal » représentant la majorité d'entre eux,
2. c'est le deuxième de ces contes qui comporte 45 pages de plus que l'autre.

Par ailleurs, les quatre premiers contes comportent autant de pages que les trois derniers. Au moins l'un de ces ensembles comporte donc au moins un conte dit « parasite ». Cela nous conduit à examiner les différentes hypothèses possibles :

- 2 contes parasites dans les 4 premiers et aucun dans les 3 derniers (au moins 5 contes),
- 2 contes parasites dans les 4 premiers et 1 dans les 3 derniers (6 contes),
- 2 contes parasites dans les 4 premiers et 2 dans les 3 derniers (5 contes),

– 1 conte parasite dans les 4 premiers et 1 dans les 3 derniers (7 contes),
– 1 conte parasite dans les 4 premiers et 2 dans les 3 derniers (5 ou 6 contes),
– aucun conte parasite dans les 4 premiers et 2 dans les 3 derniers (au moins 6 contes).

Il y a donc au total 12 situations à étudier sans compter les « sous-situations », recherche assez longue malgré certaines situations manifestement impossibles. Malgré cela, ce problème reste un petit bijou : peu de données, deux bons pièges et une seule solution. Avec un peu de patience, on trouvera finalement cinq contes comportant respectivement : 29, 29, 29, 13 et 58 pages.

Problème 16

Immatriculation

Proposé au concours de *Jeux et Stratégie* n° 46 d'août-septembre 1987, ce problème avait été trouvé par la quasi-totalité des concurrents. Une telle suite de nombres, définie par une relation de récurrence (en fonction des caractéristiques du nombre précédent) se termine souvent soit par un nombre autogénérateur (exemple $153 = 1^3 + 5^3 + 3^3$), soit par une suite cyclique (exemple : 217, 352, 160, 217, 352...). Le seul nombre initial qui conduise à une suite de 14 nombres différents, inférieurs à 1 500 est constitué des chiffres 1, 7, 7 et éventuellement un 0. La suite à partir de ce nombre initial est :

(1,7,7,0) – 687 – 1 071 – 345 – 216 – 225 – 141 – 66 – 432 – 99 – 1 458 – 702 – 351 – 153 – 153 –...

La 5e voiture porte le n° 216. En revanche, on manque d'éléments pour pouvoir connaître celui de la 1re voiture, qui peut être 177, 717, 771 ou 1 077.

Chapitre 3

Dénombrement et probabilités

Problème 17

Spirale d'allumettes (1)

Imaginons que toutes les allumettes soient orientées dans le même sens du parcours, de l'extérieur vers l'intérieur de la spirale, comme le montre la figure.

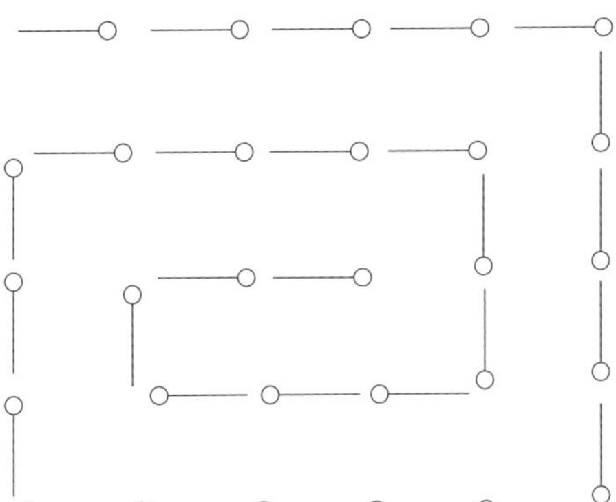

Il y a forcément autant d'allumettes dans la spirale qu'il y a de bouts soufrés. Ces bouts soufrés sont situés aux nœuds d'un réseau quadrillé rectangulaire, un seul de ces nœuds n'étant pas occupé par un bout soufré, celui du coin supérieur gauche. Si n et p sont les dimensions du rectangle, il y a $(n+1)$ rangées de $(p+1)$ nœuds, comportant un bout soufré à l'exception de l'un d'eux. Avec un réseau quadrillé de 23 allumettes sur 19, le nombre d'allumettes formant une spirale du type de celle de la figure ci-dessus sera donc de $24 \times 20 - 1 = 479$. On vérifiera par ailleurs que le nombre d'allumettes de la spirale 4×5 représentée ci-dessus est bien égal à $5 \times 6 - 1 = 29$.

Problème 18

Spirale d'allumettes (2)

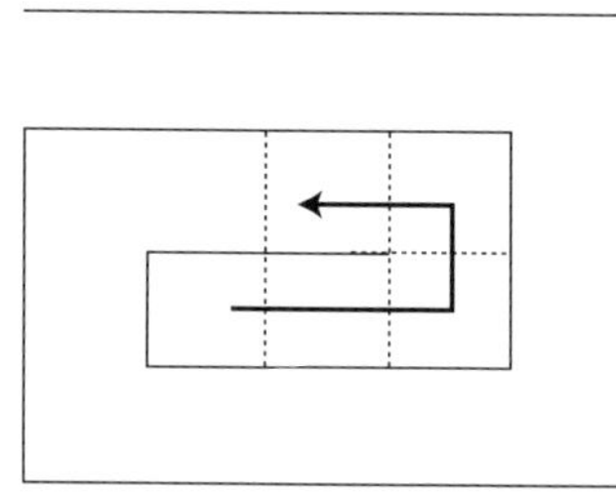

Imaginons une personne partant du centre et se dirigeant vers la sortie sans revenir sur ses pas. Chaque fois qu'elle passe d'un carré unité au carré unité suivant, elle traverse un emplacement occupé précédemment par une allumette retirée pour former la spirale. Le nombre d'allumettes retirées est donc égal au nombre de carrés unités du réseau quadrillé, égal à $n \times p$ si n et p sont les dimensions du rectangle. Le nombre d'allumettes enlevées est 91 qui a pour seuls diviseurs 7 et 13 qui sont donc les dimensions du rectangle. On pourra vérifier que, dans la figure de départ, représentée par un rectangle 4×5, le nombre d'allumettes retirées est bien $4 \times 5 = 20$.

Problème 19

Les grilles du loto

Toute grille de Paul comporte deux numéros à un chiffre et quatre numéros à deux chiffres, seule répartition possible des six numéros pour que chaque nombre de 0 à 9 soit représenté une fois et une seule, et donc un numéro à deux chiffres dans chacune des quatre dernières colonnes. Toute combinaison de Paul est donc de la forme :

A, B, 1C, 2D, 3E, 4F

Une fois le 0 placé (4 possibilités : C, D, E, F), il reste à placer les cinq chiffres 5, 6, 7, 8 et 9 sur les cinq sites encore libres, opération pouvant s'effectuer de 5 ! = 120 façons différentes, portant le nombre de grilles de Paul apparemment possibles à $4 \times 120 = 480$. L'ordre n'intervient pas au niveau des deux premiers numéros A et B qui peuvent être échangés sans modifier la grille, réduisant de moitié le nombre de grilles, indiqué ci-dessus. Il y a donc 240 grilles différentes qui répondent aux critères de Paul.

Problème 20

Les ascendants

À tout ascendant, on peut associer un nombre binaire constitué de neuf chiffres, commençant si nécessaire par plusieurs zéros. Le $n^{\text{ème}}$ chiffre de ce nombre binaire en partant de la gauche, est égal à 1 si l'ascendant comporte le chiffre n et à 0 dans le cas contraire. Ainsi, à l'ascendant 3 569, correspond le binaire 001011001. Réciproquement, à chaque binaire correspond un seul ascendant. Le problème se réduit donc à trouver le nombre de binaires possibles de neuf chiffres. Pour chacun des neuf rangs, il existe deux possibilités (0 ou 1), soit au total $2^9 = 512$ binaires possibles, desquels il convient d'éliminer le nombre 0, laissant 511 ascendants possibles. Au sens strict, si on veut qu'un ascendant comporte au moins deux chiffres, il faudrait retirer les nombres de 1 à 9, portant dans ce cas le nombre d'ascendants à 502.

Combien d'entre eux sont-ils multiples de 11 ? Si un tel nombre est constitué d'un nombre impair de chiffres, il est toujours possible de lui annexer un 0 à gauche : ni la valeur de ce nombre, ni l'ordre croissant de ses chiffres ne sont modifiés. Avec ce processus, tous les nombres concernés ont un nombre pair de chiffres, sans que cela modifie leur comportement vis-à-vis des deux propriétés de l'énoncé. Si un nombre est divisible par 11, le résultat obtenu en soustrayant de la somme de ses chiffres de rang impair à partir de la droite, la somme de ses chiffres de rang pair, est soit 0, soit un multiple de 11. Examinons pour l'exemple un nombre à six chiffres ABCDEF. Nous devons avoir (F – E) + (D – C) + (B – A) = 0 ou multiple de 11. Si nous portons sur un segment de droite gradué en 10 divisions, les chiffres A, B, C, D, E et F, la somme (F – E) + (D – C) + (B – A) n'est autre que la somme des longueurs (AB + CD + EF) marquées en gras sur le segment ci-dessous.

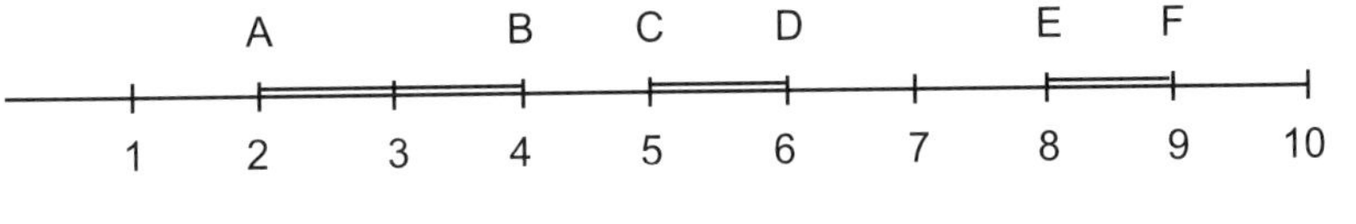

Cette somme est nécessairement positive et inférieure à la longueur totale du segment gradué, égale à 10. Elle ne peut donc être multiple de 11. La même démonstration s'applique à des nombres de 2, 4 ou 8 chiffres. Aucun des 511 ascendants n'est donc multiple de 11.

Problème 21

Coupe de France

Le premier club tiré au sort a quatre chances sur sept de tomber contre une équipe de l'autre division. Une fois ces deux clubs sortis de l'urne, le troisième club tiré au sort a trois chances sur cinq de tomber contre une équipe de l'autre division. Une fois ces quatre clubs sortis de l'urne, le cinquième club tiré au sort a une chance sur trois de tomber contre une équipe de l'autre division, les deux équipes restantes étant de divisions différentes. La probabilité cherchée est le produit de ces quatre fractions, soit :

$$\frac{4}{7} \times \frac{3}{5} \times \frac{2}{3} \times \frac{1}{1} = 0,229 \approx 0,23$$

Problème 22

Jeu de cartes

La 1re carte étant connue, la probabilité pour que la 2e soit différente est 31/32. Les 1re et 2e cartes étant connues, la probabilité pour que la 3e soit différente des deux premières est 30/32 et la probabilité pour que les trois soient différentes est : (31/32) × (30/32). En raisonnant ainsi pour les 7 cartes suivantes, la probabilité pour que les 10 cartes soient différentes est :

$$p = \frac{31}{32} \times \frac{30}{32} \times \frac{29}{32} \times \frac{28}{32} \times \frac{27}{32} \times \frac{26}{32} \times \frac{25}{32} \times \frac{24}{32} \times \frac{23}{32} = 0,208$$

soit environ 1 chance sur 5. La probabilité de 0,5 est atteinte pour un nombre de cartes, égal à 7 :

$$p = \frac{31}{32} \times \frac{30}{32} \times \frac{29}{32} \times \frac{28}{32} \times \frac{27}{32} \times \frac{26}{32} = 0,494$$

À partir de 7 cartes, on a plus de chances d'avoir dans le jeu au moins deux cartes identiques que d'avoir les cartes toutes différentes.

Chapitre 4

Algorithmes

Problème 23

Ô combien de...

De 1 à 9 ($n = 1$), on compte 9 chiffres soit $10^1 - 1$ chiffres. De 10 à 99 ($n = 2$), on compte 90 nombres à 2 chiffres. De 1 à 99, on compte donc 189 chiffres soit $2 \times 10^2 - 11$ chiffres au total.

De 100 à 999 ($n = 3$), on compte 900 nombres à 3 chiffres, soit 2 700 chiffres. De 1 à 999, on compte donc 189 + 2 700 = 2 889 chiffres, soit : $3 \times 10^3 - 111$ chiffres au total. Et ainsi de suite, relation que l'on pourra démonter…

Pour écrire tous les nombres de 1 à N formé de n chiffres, il faut donc :

- de 1 à $10^{n-1} - 1$, $[(n-1) \times 10^{n-1} - 11\ldots1]$ chiffres (le deuxième terme entre crochets étant constitué de $(n-1)$ fois le chiffre 1);
- et de 10^{n-1} à N, $(N - 10^{n-1} + 1)\, n$ chiffres, soit au total $[10^{n-1}(n - 1 - n) + (N+1)\, n - 11\ldots1]$ chiffres, expression qui peut encore s'écrire :

$$(N+1)\, n - 11\ldots 1 - 10^{n-1}$$

Le nombre 11…1 comporte $(n-1)$ fois le chiffre 1 et le nombre 10^{n-1}, n chiffres dont le premier est 1 et les autres 0. Le nombre $(11\ldots1 + 10^{n-1})$ est donc formé de n fois le chiffre 1, de sorte que le nombre de chiffres nécessaires à l'écriture de tous les chiffres de 1 à N est donné par l'expression :

$$P = (N+1)n - 11\ldots 1$$

le dernier terme étant un nombre formé de n fois le chiffre 1. Dans notre exemple, le nombre de chiffres nécessaires à l'écriture de tous les nombres de 1 000 à 2 003 est : $2\,004 \times 4 - 1\,111 = 6\,905$.

Problème 24

Un sur deux

On remarque tout d'abord que si le nombre de jetons est une puissance de 2, le jeton restant est toujours celui de départ, le n° 1. On se retrouve dans cette configuration (2^p jetons) lorsqu'on a retiré du jeu un nombre de jetons, égal à la différence entre le nombre N de jetons de départ et cette puissance de 2 immédiatement inférieure à N. Le numéro du dernier jeton retiré pour aboutir à cette configuration est le double de cette différence ($N - 2^p$). On rappelle que les jetons sont retirés dans l'ordre 2, 4, 6, 8…

D'après ce qui a été dit en tout début de raisonnement, le jeton restant sera celui qui suit immédiatement le dernier retiré avant d'obtenir la configuration décrite ci-dessus (nombre de jetons égaux à une puissance de 2) et portera donc le numéro : $2\ (N - 2^p) + 1$. Cette expression peut encore s'écrire :

$$2N + 1 - 2^q$$

dans laquelle 2^q est la puissance de 2 immédiatement inférieure à $2N$ ou, si on préfère, la puissance de 2 immédiatement supérieure à N. Dans l'exemple proposé, pour $N = 2\ 003$ jetons, le jeton restant aura pour numéro :

$$2 \times 2\ 003 + 1 - 2\ 048 = 1\ 959$$

Nota : si on écrit le nombre N en binaire, il suffit de glisser à sa droite son premier chiffre 1 pour obtenir en binaire le numéro du jeton restant. Ainsi pour N = 2 003 qui s'écrit en binaire 11111010011, on obtient en reportant à droite son premier chiffre 1, le nombre 11110100111, égal à 1 959 dans le système décimal.

Problème 25

Un, deux, trois, quatre, cinq

La méthode décrite ci-dessous n'a pas la prétention d'être la plus efficace. Elle a le mérite d'être d'une utilisation facile et de limiter les risques d'erreurs. Quant à l'utilité pratique d'un tel problème, ne rêvons pas. C'est peut-être d'ailleurs ce qui fait la beauté des mathématiques.

	1	2	3	4	6
	1	3	6	10	16
		1	3	6	10
	35	26	17	8	− 1
	36	30	26	24	25
	1	2	3	4	6
			1	5	0
			9	6	
		7	8		
	6	0			
3	6				
4	2	8	9	1	0
2	**1**	**4**	**4**	**5**	**5**

1. À raison d'un chiffre par colonne, on écrit le nombre $N + 1$.
2. Sous chaque chiffre, on écrit la somme obtenue en additionnant ce chiffre à l'ensemble des autres chiffres qui le précèdent dans N.
3. On réécrit la ligne précédente en la décalant d'une colonne vers la droite.
4. Partant de la droite, on écrit à raison d'un nombre par colonne, les multiples successifs de 9, diminués d'une unité.
5. On additionne, colonne par colonne, les nombres contenus dans les trois dernières rangées.
6. On réécrit le nombre $N + 1$ à raison d'un chiffre par colonne.
7. On conserve ces deux dernières rangées, et dans chaque colonne, on effectue la multiplication des deux nombres de la colonne. Le produit est affiché à raison d'un chiffre par colonne, le dernier chiffre devant se trouver dans cette colonne. Ainsi, en 5e colonne, 25×6 donne 150 avec le 0 en 5e colonne.
En 4e colonne, 24×4 donne 96, avec le 6 en 4e colonne, etc.
8. À la manière d'une multiplication, on additionne les cinq produits partiels ainsi obtenus.
9. Il ne reste plus qu'à diviser par 2 le résultat de cette addition pour obtenir la solution cherchée (428 910 / 2 = 214 455).

Problème 26

Multiplications secrètes

		*	*	*	x
	×		*	*	y
	*	*	*	*	xy
*	*	*	*	0	
*	*	*	*	*	xy
3	11	14	21	30	

En ajoutant un 0 à la droite du deuxième produit partiel, on ne modifie ni la multiplication, ni la somme des chiffres de chaque colonne. Si x est le multiplicande, y le multiplicateur, le produit est xy, ainsi que la somme des deux produits partiels. La somme des cinq nombres de la multiplication est alors $S = x + y + 2\,xy$ (1).

Connaissant la somme des chiffres de chaque colonne, on déduit directement, selon le mécanisme classique de l'addition, la valeur numérique de cette somme S, soit dans le cas présent : $S = 42\,640$ (2). De (1) et de (2), on déduit :

$x + y + 2\,xy = 42\,640$, expression qui peut se simplifier en :

$$x = \frac{85\,281}{2(2y+1)} - \frac{1}{2}$$

Décomposons 85 281 en ses facteurs premiers : $3 \times 7 \times 31 \times 131$. $(2y + 1)$ doit diviser 85 281, avec $21 < (2y + 1) \leq 199$. Seules possibilités : $2y + 1 = 93$ ou 131, seul le premier cas conduisant à la solution ($y = 46$, $x = 458$), soit 458×46.

En raisonnant de même, on trouve 257×73 pour la deuxième multiplication et 268×34 pour la troisième.

Problème 27

Interrupteurs

Pour résoudre ce problème, on associe à chaque lampe une équation caractéristique dans l'anneau Z/2. Les interrupteurs agissant sur la lampe 1 sont A, B et D et la lampe 1 doit changer d'état : il faut donc que la somme des valeurs attribuées à chacun de ces interrupteurs (1 si on l'enfonce, 0 si on ne l'enfonce pas) soit égale à 1, condition que l'on peut représenter par l'équation :

$$A + B + D = 1 \qquad (1)$$

Puis on écrit pour chaque lampe son équation caractéristique :

– Lampe 2 : $C + D = 1$ (2)

– Lampe 3 : $A + E + F = 1$ (3)

– Lampe 4 : $B + F + G = 1$ (4)

– Lampe 5 : $B + C + E + G = 1$ (5)

– Lampe 6 : $A + D + G = 1$ (6)

– Lampe 7 : $B + E + F = 1$ (7)

On rappelle que ce système d'équations est écrit dans l'anneau Z/2 avec les règles opératoires suivantes : $1 + 0 = 0 + 1 = 1$, $0 + 0 = 1 + 1 = 0$ avec $X = 1$ si on agit sur l'interrupteur X et $X = 0$ si on n'agit pas sur l'interrupteur X. En faisant (1) + (3) + (7), on obtient : $D = 1$ (dans Z/2, $1 + 1 = 0$, $B + B = 0$, $C + C = 0$ etc.). De (2), on déduit $C = 0$. En faisant (4) + (5) + (7), on obtient $B + C = 1$ et comme $C = 0$, on a $B = 1$. En faisant (1) + (2), on obtient $A + B + C = 0$. Comme $B = 1$ et $C = 0$, on déduit $A = 1$. Connaissant $A = 1$ et $D = 1$, on déduit en (6) : $G = 1$. Connaissant $B = 1$, $C = 0$, $G = 1$, on déduit en (5) : $E = 1$. Connaissant $B = E = 1$, on déduit en (7) : $F = 1$. Les interrupteurs sur lesquels il faudra agir sont donc A, B, D, E, F et G égaux à 1. Seul l'interrupteur C égal à 0 ne sera pas enfoncé.

Chapitre 5

Division et divisibilité

Problème 28

Bonbons en vrac

Appelons N le nombre de bonbons. S'il y avait eu deux bonbons en moins, le nombre de bonbons aurait été à la fois divisible par 11 et par 13, premiers entre eux. $N - 2$ est donc divisible par leur produit 11×13 et on peut écrire : $N = 143\,p + 2$ (1), avec p entier.

S'il y avait eu un bonbon en moins, le nombre de bonbons aurait été à la fois divisible par 9 et par 17, premiers entre eux. $N - 1$ est donc divisible par leur produit $9 \times 17 = 153$ et on peut écrire : $N = 153\,q + 1$ (2), avec q entier.

En rapprochant (1) de (2), on obtient : $143\,p = 143\,q + 10\,q - 1$ (3), avec p et q entiers.

Pour que (3) soit possible, il faut que l'on ait $10\,q - 1$ multiple de 143, condition vérifiée pour $q = 43$. En effet, on a $430 - 1 = 429$ divisible par 143. En reportant cette valeur de q dans (2), on obtient : $N = 153 \times 43 + 1 = 6\,580$ qui est le nombre de bonbons livrés à Marcel.

Problème 29

Les sachets de bonbons

La somme des quatre restes vaut au plus 9. Il y a donc au moins deux restes identiques; sinon, leur somme vaudrait au moins $1 + 2 + 3 + 4 = 10$.

Désignons par r deux de ces restes identiques, P et Q les contenances des sachets correspondant à ce reste r. Si dans chaque panier, il y avait eu r bonbons de moins, soit $N - r$, le nombre de bonbons contenus dans chaque panier aurait été à la fois divisible par P et Q, premiers entre eux, quel que soit le couple (P, Q) choisi parmi les nombres 13, 16, 19 et 21. N est donc un multiple de P et de Q augmenté de r. Les contenances des sachets sont 13, 16, 19 et 21 et N est inférieur à 300. Seules possibilités :

$$N = 13 \times 16 + r = 208 + r,$$

$$N = 13 \times 19 + r = 247 + r,$$

$$N = 13 \times 21 + r = 273 + r,$$

avec $r = 1$, 2 ou 3 (si $r = 4$, la somme des quatre restes est au minimum $4 + 4 + 1 + 1 = 10$, ce qui est contraire aux conditions du problème). Cela donne pour N les possibilités suivantes :

209, 210, 211, 248, 249, 250, 274, 275 et 276

Le reste de 248 par 16 est 8, ce qui élimine les possibilités 248, 249 et 250. Le reste de 274 par 19 est 8, ce qui élimine les possibilités 274, 275 et 276. Le reste de 209 par 21 est 20 et on a 210 divisible par 21. La seule possibilité restante est 211. Il reste à vérifier que ce nombre est conforme aux conditions de l'énoncé :

- premier panier : 16 sachets de 13 bonbons, soit 208 bonbons avec un reste de 3;
- deuxième panier : 13 sachets de 16 bonbons, soit 208 bonbons avec un reste de 3;
- troisième panier : 11 sachets de 19 bonbons, soit 209 bonbons avec un reste de 2;
- quatrième panier : 10 sachets de 21 bonbons, soit 210 bonbons avec un reste de 1;

le total des restes étant égal à 9. À l'origine, chaque panier contenait donc 211 bonbons.

Problème 30

Une propriété remarquable

Si a et b sont les deux tranches d'un nombre N quelconque, multiple du nombre n cherché, on peut écrire :

$$100\,a + b = \text{multiple de } n \qquad (1)$$

Élevons (1) au carré. Il vient :

$$10\,000\,a^2 + 200\,ab + b^2 = \text{multiple de } n \qquad (2)$$

Multiplions (1) par 200 a et retranchons (2) du résultat. Nous obtenons :

$$10\,000\,a^2 - b^2 = \text{multiple de } n \qquad (3)$$

D'après l'énoncé, on doit avoir également :

$$a^2 + b^2 = \text{multiple de } n \qquad (4)$$

En ajoutant (3) et (4), on obtient 10 001 a^2 = multiple de n. n est donc un diviseur de 10 001; seules possibilités : 1 (solution triviale), 73 (solution déjà connue) et 137 qui est le nombre cherché. Pour être complet, il faudrait démontrer la réciproque. On peut tenter l'expérience sur un multiple quelconque, par exemple 21 646 égal à 137×158. On a : $216^2 + 46^2 = 46\,656 + 2\,116 = 48\,772$, qui est bien multiple de 137 ($48\,772 = 137 \times 356$).

Problème 31

Trois nombres divisent la somme de quatre

Il existe une démonstration élégante de l'unicité de cette solution, mais assez longue à décrire. Solution : 108, 117, 135 et 180 dont la somme 540 est bien divisible par 108, 135 et 180, mais pas par 117.

Problème 32

La ronde des multiples

ABC multiple de 13 entraîne : 100 A + 10 B + C = 13 p (1) avec p entier.

BCD multiple de 13 entraîne : 100 B + 10 C + D = 13 q (2) avec q entier.

Multiplions (1) par 10 et retranchons (2). Il vient 1 000 A – D = 13 r, avec r entier, équation qui peut encore s'écrire 1 001 A – A – D = 13 r.

1 001 est divisible lui-même par 13. On déduit : A + D multiple de 13 et donc égal à 13.

De même, on doit avoir B + E = 13 et également C + F = 13.

Les seules répartitions possibles pour les trois couples (A, D), (B, E), (C, F) sont les couples désordonnés (4, 9), (5, 8) et (6, 7).

L'un des six nombres recherchés commence par 4. Le problème se réduit alors à rechercher parmi tous les nombres compris entre 400 et 500, un multiple de 13, dont les trois chiffres différents sont représentés par un élément de chacun des trois couples ci-dessus. La solution est obtenue pour ABC = 468 et on déduit par complément à 13, DEF = 975.

Seule solution possible : ABCDEF = 468 975. Il ne reste plus qu'à vérifier que 468, 689, 897, 975, 754 et 546 sont bien tous des multiples de 13.

Problème 33

La preuve par 13

ABCD multiple de 13 entraîne (1 000 A + 100 B + 10 C + D) multiple de 13, ce qui est également vrai pour son triple, soit (3 000 A + 300 B + 30 C + 3D) multiple de 13 (1).

BCDE est aussi un multiple de 13, ce qui nous permet d'écrire (1 000 B + 100 C + 10 D + E) multiple de 13 (2). Additionnons (1) et (2). Il vient, après simplification :

10 A + (13 × 230 A + 1 300 B + 130 C + 13 D) + E est un multiple de 13.

L'expression entre parenthèses étant multiple de 13, on déduit 10 A + E multiple de 13, ou plus simplement le nombre AE multiple de 13. De la même façon, on démontre que BF et CG sont des multiples de 13. Comme les valeurs 1 et 2 sont exclues, ces trois nombres se répartissent les valeurs 39, 65 et 78. Une seule lettre (D) ne figure pas dans ces trois nombres et une seule (4) des sept valeurs de l'énoncé n'y figure pas non plus. On a donc D = 4. A, B et C se partagent les valeurs 3, 6 et 7. Il y a six combinaisons possibles pour ABC (367, 376, 637, 673, 736 et 763). La seule qui conduise à ABCD multiple de 13 est 673 et on obtient la correspondance lettres-chiffres :

ABCDEFG = 6 734 589

Problème 34

La preuve par 17

ABC multiple de 17 entraîne (100 A + 10 B + C) multiple de 17. Multiplions par 7, on obtient (700 A + 70 B + 7 C) multiple de 17 (1). BCD est multiple de 17. On peut donc aussi écrire :

(100 B + 10 C + D) multiple de 17 (2). Additionnons (1) et (2), il vient : 3 A + (17 × 41 A + 170 B + 17 C) + D, multiple de 17. L'expression entre parenthèses est multiple de 17. On en déduit donc (3 A + D) multiple de 17. De la même manière, on a (3 B + E), (3 C + F) et (3D + G) multiples de 17. D'une manière générale, $3x + y$ est un multiple de 17. En faisant varier x de 1 à 9, on obtient le tableau suivant, lorsque cela est possible :

x = A, B, C ou D	y = D, E, F ou G
3	8
4	5
5	2
9	7

D est commun aux deux groupes; seule la valeur 5 appartient à ces deux ensembles. On a donc D = 5 et on en déduit A = 4 et G = 2. B et C se partagent donc les deux autres valeurs 3 et 9. ABC vaut 439 ou 493. Seul le nombre 493 est multiple de 17 et on obtient la correspondance lettres-chiffres :

ABCDEFG = 4 935 782

Problème 35

Fractions égyptiennes

Une solution possible :

$$\frac{4}{13} = \frac{1}{4} + \frac{1}{26} + \frac{1}{52}$$

Pour n premier de la forme $4k + 1$, une condition suffisante pour la résolution de l'équation :

$$\frac{4}{n} = \frac{1}{x} + \frac{1}{y} + \frac{1}{z} \text{ avec } x, y \text{ et } z \text{ entiers}$$

est l'existence pour n de deux nombres a et b tels que d'une part, b divise a^2 et que, d'autre part, $(4a - 1)$ divise $(a + bn)$. Dans ce cas, une solution de l'équation est donnée par :

$$x = an,$$

$$y = a\,(a + bn)\ /\ b\,(4a - 1)$$

$$z = n\,(a + bn)\ /\ (4a - 1)$$

La solution donnée ci-dessus correspond à $a = b = 2$.

Chapitre 6

La bande des neuf et la bande des dix

Problème 36

Les échappés

Tout d'abord, remarquons qu'à l'exception des numéros 1 à 10 de la première équipe, les numéros des 10 coureurs d'une même équipe commencent tous par le même chiffre, sauf les deux derniers (exemples 49 et 50, 69 et 70). Supposons qu'il n'y ait aucun coureur parmi les échappés à avoir un numéro de 3 chiffres. La seule répartition possible des six numéros est alors : 2 numéros à 1 chiffre (de la même équipe) et 4 numéros à 2 chiffres. Des 4 numéros à 2 chiffres, il y a au moins 2 qui appartiennent aux coureurs d'une même équipe et qui commencent par le même chiffre sauf si l'un de ces numéros se termine par 0. On a alors la répartition : A – B – CD – C + 1; 0 – EF – GH. Comme il y a trois équipes représentées, EF et GH doivent être les numéros de deux coéquipiers, ce qui est impossible avec $E \neq G$ et $H \neq 0$ (valeur déjà attribuée). Il y a donc au moins un numéro à 3 chiffres parmi les échappés. Comme il ne peut pas y avoir deux numéros à 3 chiffres (cela ferait deux chiffres 1), la seule répartition possible est 3 numéros à 1 chiffre (A, B et C), 2 numéros à 2 chiffres (DE et D + 1,0), 1 numéro à 3 chiffres (1EF) qui comporte le chiffre 1. Les dix chiffres formant ces six numéros sont différents, les seuls numéros pouvant être retournés en changeant de valeur sont 6 et 9. Par ailleurs, cinq de ces numéros ont pour somme 100. Il ne peut s'agir que des cinq premiers numéros, soit : 6 + 9 + C + (10 D + E) + (10 D + 10) = 100, expression qui se simplifie en :

$$C + 20\,D + E = 75$$

De cette équation, on déduit D = 3 et C + E = 15. Les valeurs 6 et 9 étant déjà attribuées, la seule répartition possible pour C et E est 7 et 8. Le 38 a abandonné, la seule possibilité pour DE est donc 37. On connaît donc les cinq premiers numéros : 6, 8, 9, 37 et 40. Le sixième numéro, composé des trois chiffres (1, 2, 5), non encore utilisés, ne peut être que le 125 (150 coureurs au départ).

Problème 37

Permutations nonantiennes

Le 1 ne peut pas être le premier chiffre d'un multiplicateur : le résultat commencerait aussi par 1. Le 1 ne peut pas être le dernier chiffre des multiplicateurs ou des multiplicandes. Il ne peut pas non plus terminer le résultat : les quatre cases terminant les multiplicateurs et multiplicandes ne peuvent contenir que trois autres chiffres impairs différents de 5. Il ne peut pas non plus être le deuxième chiffre du résultat. Il permuterait alors avec 7 qui deviendrait le premier chiffre du résultat (impossible). Le chiffre 1 reste donc à sa place. Le résultat est forcément pair pour les raisons évoquées au 2e alinéa. Le reste est une affaire de patience.

Solution : $78 \times 2 = 156 = 4 \times 39$.

Problème 38

Opération décantienne

Le résultat ne comporte que quatre chiffres. Cela n'est possible que si les premiers chiffres respectifs des trois nombres de gauche sont 1, 2 et 3 ou 1, 2 et 4 dans le désordre. Après quelques essais, on trouve la solution unique :

$$2 \times 14 \times 307 = 8\,596$$

Problème 39

La bande des neuf

Si x est le résidu modulo 9 du plus grand nombre, celui de la somme des autres nombres est aussi x. La somme des résidus de l'ensemble des nombres formés est donc $2x$. Ce nombre est égal au résidu de la somme des chiffres de 1 à 9, égale à 45, résidu égal à 0 modulo 9. On a donc $2x \equiv 0 \bmod 9 \Rightarrow x \equiv 0 \bmod 9$. Le plus grand nombre est donc un multiple de 9. Les seules solutions possibles sont 234 et 45. Avec 2, 3 et4 retirés de la bande et en même temps le 1, il est impossible de retrouver 233 à partir de 5, 6, 7, 8 et 9. Reste 45. Toutes les cases 6, 7, 8 et 9 devront être découpées (sinon on aurait un nombre supérieur à 45). La somme de ces quatre chiffres est 30; pour atteindre 45, il manque 15 qu'il faut obtenir à partir des chiffres 1, 2 et 3, mission possible en additionnant 12 et 3.

Solution : $12 + 3 + 6 + 7 + 8 + 9 = 45$.

Problème 40

Somme constante

Désignons par r et s les retenues respectives en 1re et 2e colonnes :

– en 3e colonne, on a : $C + F = I + 10\,s$ (1)

– en 2e colonne, on a : $s + B + E = H + 10\,r$ (2)
– en 1re colonne, on a : $r + A + D = G$ (3)

r	s	
A	B	C
D	E	F
G	H	I

Les 9 chiffres étant différents, leur somme est celle des chiffres de 1 à 9, égale à 45, soit :

$$A + B + C + D + E + F = 45 - G - H - I \qquad (4)$$

Faisons (1) + (2) + (3) – (4), on obtient :

$$2\,(G + H + I) = 45 - 9\,(r + s) \qquad (5)$$

Le 1er membre est pair, on a donc (r + s) impair. La seule possibilité est que l'une et une seule de ces retenues soit impaire, égale à 1 et l'autre égale à 0. Quelle que soit celle qui vaut 1, leur somme est toujours égale à 1 et on déduit de (5) :

$$2\,(G + H + I) = 45 - 9 = 36$$

soit $G + H + I = 18$.

Conclusion : lorsqu'un nombre de trois chiffres est la somme de deux autres nombres de trois chiffres, et que l'écriture de ces trois nombres exige l'utilisation de chacun des chiffres de 1 à 9, chacun d'eux utilisé une fois et une seule, alors la somme des chiffres du résultat est 18.

Magie-magie

Pour la résolution des problèmes qui suivent, nous allons utiliser la grille générale représentée ci-dessous, chaque chiffre de 1 à 9 étant représenté par une inconnue de A à I.

A	B	C
D	E	F
G	H	I

Problème 41

Grille 1 – Sommes médianes

D'après le résultat du problème précédent, on a : D + E + F = 18 (1). En additionnant les deux nombres verticaux CFI et ADG, on obtient pour sa deuxième colonne : t + D + F = E + 10 u (2), u et t étant les retenues respectives en 1re et 2e colonnes de cette addition. En faisant (1) – (2), on obtient 2E = 18 – 10u + t, avec u et t différents, l'un égal à 0, l'autre à 1 (*cf.* solution du problème 40). Pour des raisons de parité, on a t = 0 et u = 1 d'où E = 4. On déduit de (1), D + F = 14. On peut démontrer de la même façon que l'on a : B + H = 14. Les seuls couples possibles de chiffres dont la somme est 14, sont : (6; 8) et (5; 9), qui conduisent aux 4 grilles ci-après, aux symétries et rotations près.

	6	
5	4	9
	8	

	6	
9	4	5
	8	

	8	
5	4	9
	6	

	8	
9	4	5
	6	

Reste à placer les quatre chiffres 1, 2, 3 et 7, en vérifiant que les conditions de l'énoncé soient respectées. La seule solution possible est obtenue à partir de la première grille. Elle est représentée ci-dessous :

3	6	2
5	4	9
1	8	7

Problème 42

Grille 2 – Sommes latérales

D'après le problème 40, on a : C + F + I = 18 (1). En 3ᵉ colonne, on a : C + F = I + 10 s (2), s étant la retenue résultant de C + F dans l'addition ABC + DEF. En faisant (1) – (2), on obtient : 2 I = 18 – 10 s. On en déduit :

– soit I = 4 avec s = 1 et C + F = G + H = 14;
– soit I = 9 avec s = 0 et C + F = G + H = 9.

Le cas I = 4 se résout comme pour la grille nº 1, les seules valeurs possibles pour les couples non ordonnés (C; F) et (G; H) étant (6; 8) et (5; 9), les autres cases se répartissant les valeurs 1, 2, 3 et 7. Ce cas conduit à la grille-solution de gauche représentée ci-dessous.

Pour le cas I = 9, les couples (C; F) et (G; H) à tester sont plus nombreux. On démontre facilement que H ou F vaut au plus 5, de sorte que les seules valeurs possibles pour le résultat horizontal et le résultat vertical sont : 819, 729, 639, 549 et 459. La solution est obtenue pour la combinaison (639; 729) qui conduit à la grille-solution de droite.

7	1	8
2	3	6
9	5	4

1	5	7
4	8	2
6	3	9

Problème 43

Le carré des carrés

Il suffit de recenser tous les carrés constitués de trois chiffres différents non nuls. Ils sont au nombre de treize : 169, 196, 256, 289, 324, 361, 529, 576, 625, 729, 784, 841, 961. Parmi ces treize nombres, il reste à trouver un ensemble de trois tels que les neuf chiffres nécessaires à leur écriture soient tous les chiffres de 1 à 9. La solution est obtenue avec l'ensemble : 361, 529, 784.

Problème 44

Alternance

Parmi les solutions possibles :

$$3 \times 7 + 5 \times 4 + 6 \times 9 + 8 \times 1 + 2 = 1\ 000$$

$$6 \times 4 + 3 \times 7 + 9 \times 5 + 8 \times 1 + 2 = 1\ 000$$

$$3 \times 5 + 1 \times 7 + 9 \times 2 + 6 \times 4 + 8 = 1\ 000$$

Dans ces expressions, les calculs s'enchaînent. Ainsi la dernière s'énonce : 3 que multiplie 5, égale 15 plus 1, égale 16 que multiplie 7, égale 112 plus 9, égale 121 que multiplie 2, égale 242 plus 6, égale 248 que multiplie 4, égale 992 plus 8, égale 1 000.

Chapitre 7

Des nombres bien particuliers

Problème 45

Carré palindromique

Désignons par ABCCBA le carré cherché et par abc sa racine carrée. Le dernier chiffre A de ABCCBA est 1, 4, 5, 6 ou 9. Faisons varier A. Connaissant A, on connaît le dernier chiffre c de sa racine abc (une ou deux valeurs possibles), mai aussi le premier chiffre a. De par son architecture, le nombre ABCCBA est divisible par 11 et donc aussi sa racine carrée abc. Connaissant a et c, b se déduit facilement : b est égal à (a + c) ou à (a + c – 11). En faisant varier A, on obtient la table de tests ci-après.

A	a	c	Valeurs possibles pour abc = 11 *n*
1	3 ou 4	1 ou 9	341 ; 319 ; 451 ; 429
4	6 ou 7	2 ou 8	682 ; 638 ; 792 ; 748
5	7	5	715
6	7 ou 8	4 ou 6	704 ; 726 ; 814 ; 836
9	9	3 ou 7	913 ; 957

Soit 15 valeurs de abc à tester. La solution est obtenue pour abc = 836 dont le carré 698 896 est bien symétrique.

Problème 46

Carré de voisins

Le nombre cherché peut s'écrire [N] [$N + 1$]. Sous sa forme algébrique, il est égal à 10 000 $N + N + 1 = 10\,001\,N + 1$. C'est un carré parfait, donc égal à z^2 avec z entier < 10 000, ce qui revient à résoudre : $10\,001\,N = z^2 - 1 = (z + 1)(z - 1)$. Aucun des deux facteurs $(z + 1)$ et $(z - 1)$ ne peut être multiple de 10 001. Comme 10 001 n'est divisible que par 73 et 137, l'un d'eux est multiple de 73 et l'autre de 137.

1er cas. $z + 1 = 73\,q$ et $z - 1 = 137\,p$ avec $pq = N$ = nombre de 4 chiffres. En éliminant z de ces deux équations, il vient : $73\,q = 137\,p + 2$, équation diophantienne dont la seule solution telle que pq comporte quatre chiffres est $p = 57$ qui donne $q = 107$, soit $N = pq = 6\,099$ et le carré cherché 60 996 100, carré de 7 810.

2e cas. $z + 1 = 137\,q$ et $z - 1 = 73\,p$ avec $pq = N$ = nombre de 4 chiffres. En éliminant z de ces deux équations, il vient : $73\,\mathrm{p} = 137\,q - 2$:

- 1re solution : q = 16 qui donne p = 30, mais pq n'a que 3 chiffres;
- 2e solution : q = 89 qui donne p = 167, mais pq comporte 5 chiffres.

Seule solution au problème : 60 996 100.

Problème 47

Avec les dix chiffres

Désignons par N la racine carrée et cubique des deux nombres cherchés N^2 et N^3. N^2 et N^3 comportent ensemble dix chiffres. On a donc :

$$\sqrt[3]{100\,000} < N < \sqrt[2]{10\,000}$$

$$46 < N < 100.$$

Les 10 chiffres de 0 à 9 sont tous utilisés, chacun une fois et une seule. Leur somme est égale à $45 \equiv 0 \bmod 9$. En appliquant la preuve par 9, si x est le résidu modulo 9 de N, on a :

$$x^2 + x^3 \equiv 0 \bmod 9, \text{ soit } x^2 (x + 1) \equiv 0 \bmod 9$$

On a donc soit N multiple de 3, soit N multiple de 9, diminué de 1. D'autre part, N ne peut pas se terminer par 0, 1, 5 ou 6. Seules possibilités pour N : 48, 53, 54, 57, 62, 63, 69, 72, 78, 84, 87, 89, 93, 98, soit 14 valeurs à tester. La solution est obtenue pour $N = 69$ qui donne $N^2 = 4\,761$ et $N^3 = 328\,509$.

Problème 48

Égal au cube de la somme de ses chiffres

ABCDE vaut au moins 12 345 et (A + B + C + D + E), racine cubique de ABCDE vaut donc au moins 23. Par ailleurs (A + B + C + D + E) vaut au plus 35, les cinq chiffres étant différents. En testant chaque nombre de 23 à 35 et son cube, on trouvera la solution unique pour 27 :

$$27^3 = 19\,683 = (1 + 9 + 6 + 8 + 3)^3$$

Il existe une solution plus rapide pour qui sait que le reste de la division d'un cube par 9 est 0, 1 ou 8, les seuls nombres à tester dans ces conditions étant : 26, 27, 28 et 35.

Problème 49

Carrés symétriques

ABCDE et EDCBA sont des carrés parfaits. A et E sont les derniers chiffres de deux carrés. Ils ne peuvent donc valoir que 1, 4, 5, 6 ou 9. Par ailleurs, le problème est symétrique; on peut donc ordonner ces deux carrés de manière à avoir A > E et donc A qui vaut au minimum 4.

Si A = 4, E vaut 1. La racine carrée de ABCDE est alors comprise entre 200 et 221 et se termine soit par 1, soit par 9 (cinq cas à tester pour la racine : 201, 209, 211, 219, 221). Aucun de ces cinq cas ne conduit à la solution au problème.

Si A = 5, on a B = 2 (le 2e carré se termine par 25). La racine carrée est alors comprise entre $\sqrt{52\ 000}$ et $\sqrt{53\ 000}$, soit entre 229 et 230. Aucun de ces deux cas ne conduit à la solution au problème. Cette remarque vaut aussi pour E.

Si A = 6, E vaut 1 ou 4. La racine carrée de ABCDE est alors comprise entre 246 et 264 et se termine soit par 1, 2, 8 ou 9 (sept cas à tester pour la racine : 248, 249, 251, 252, 258, 259, 261). Aucun de ces sept cas ne conduit à la solution au problème.

On a donc A = 9, E vaut 1, 4 ou 6. La racine carrée est alors comprise entre 300 et 314, soit 9 valeurs à tester pour la racine : 301, 302, 304, 306, 308, 309, 311, 312, 314. La solution est obtenue pour 311 qui donne ABCDE = 96 721. On vérifie que l'inverse 12 769 est aussi un carré. Particularité étrange, c'est le carré de 113, inverse de la racine carrée de l'autre nombre.

Problème 50

Nombres premiers

Les cinq nombres cherchés sont 2, 5, 7, 89 et leur somme est 103.

Problème 51

Nombre particulier

Désignons par A la première tranche (deux chiffres) et par B la deuxième (deux chiffres également). Le nombre cherché est 100 A + B. Par hypothèse, il vaut aussi $A^2 + B^2$. Cette égalité peut s'écrire sous la forme $A^2 - 100\,A + B^2 - B = 0$, équation du deuxième degré de laquelle on tire :

$$A = 50 \pm \sqrt{2500 - B^2 + B} \qquad (1)$$

ou encore :

$$A\,(100 - A) = B\,(B - 1) \qquad (2)$$

Les deux nombres A et (100 – A) sont interchangeables sans qu'on modifie pour autant la deuxième expression; donc, pour une valeur de B donnée, si A est solution, (100 – A) l'est aussi. Pour B = 33, on a la solution de l'énoncé A = 88; on a donc aussi une solution avec A = 12. On peut vérifier $1\,233 = 12^2 + 33^2 = 144 + 1\,089$. Mais cela ne signifie pas qu'il n'y ait pas d'autres solutions. Vérifions-le :

– l'expression A (100 – A) ne peut se terminer que par 00, 1, 4, 25, 6 ou 9;
– l'expression B (B – 1) ne peut se terminer que par 0, 2 ou 6.

Comme ces deux expressions sont égales, la seule terminaison possible est 6 avec donc B qui se termine par 8 ou par 3, (ou éventuellement une terminaison 00 avec B = 76 ou B = 25). Leur produit se terminant par 6, chacun des nombres A et (100 – A) est pair. Leur produit est donc multiple de 4, ce qui signifie que de B ou de (B – 1), premiers entre eux, l'un d'eux est multiple de 4. La somme des deux nombres A et (100 – A) est constante. Leur produit est maximum lorsqu'il y a égalité de ces deux nombres entre eux et donc chacun valant 50, ce qui donne pour leur produit un maximum de 2 500. De (2), on déduit que B vaut au maximum 50.

Résumons : B vaut au maximum 50, se termine par 8 ou par 3, et lui-même ou son prédécesseur est multiple de 4. Seules possibilités : B = 48, 33, 28, 13 ou 08. Il reste à tester dans (1) ces valeurs de B qui devront vérifier la condition : $2\,500 - B^2 + B$ égal à un carré parfait. Cette condition est vérifiée pour B = 33 qui donne A = 12 ou 88. On retrouve la solution 8 833 donnée par l'énoncé et celle recherchée : 1 233.

Problème 52

Un nombre et son carré

Le nombre N cherché comporte trois chiffres et son carré N^2, six chiffres (seule répartition possible des neufs chiffres de 1 à 9 entre N et N^2). N^2 vaut au minimum $\sqrt{123\ 456}$, soit $N \geq 352$. Si N^2 commence par 9, alors N commence aussi par 9. N^2 vaut donc au maximum $\sqrt{876\ 524}$, soit $N \leq 936$. On connaît donc les limites inférieure et supérieure de N (585 cas possibles), mais dont 60 % seulement sont à conserver : en effet, N ne peut pas se terminer par 0, 1, 5 ou 6, auxquels cas N et N^2 se termineraient par le même chiffre, ce qui limite nos tests à environ 350 pour l'instant. La preuve par 9 assure que $(N + N^2)$ est divisible par 9, la somme des chiffres qui les composent étant égale à 45 (chacun des chiffres de 1 à 9 est utilisé une fois et une seule). $(N + N^2)$ n'est divisible par 9 que si l'un de ses deux facteurs N et $(N + 1)$ est multiple de 9. Le nombre de tests à opérer se réduit alors à environ $350 \times 2 / 9 = 78$, ramené à une cinquantaine après avoir écarté les nombres N contenant soit un 0, soit au moins deux chiffres identiques. Au cours de l'opération des tests, certaines petites astuces permettent d'écarter d'office certaines valeurs de N avant même que de les tester. On obtient deux solutions, l'une pour $N = 567$, valeur donnée dans l'énoncé et l'autre pour 854 dont le carré est : 729 316.

Chapitre 8

Cryptarithmes

Problème 53

OZONE + AZOTE = XÉNON

En 5e colonne, on a N pair. Pour avoir N pair en 3e colonne, il ne peut y avoir de retenue dans cette colonne et on déduit en 4e colonne O > N. Comme $2 \times O$ se termine par $N < O$, on déduit $O \geq 5$ avec retenue en 2e colonne; E est donc impair. $2 \times O$ et $2 \times E$ se terminent par la même valeur avec $O \geq 5$; on a donc $E = O - 5$ avec $E < 5$. Les deux seules valeurs de E impair, inférieures à 5 sont 1 et 3. Connaissant E, on déduit N (2 E se termine par N), puis O ($O = E + 5$). Connaissant N et O, on trouve T en 4e colonne. Connaissant E, on déduit Z en 2e colonne. On obtient pour chacune des deux valeurs possibles de E la table de tests suivante :

	E	N	O	T	Z
a	1	2	6	4	0 ou 5
b	3	6	8	2	1

Pour le test b, la plus petite valeur de A encore possible est 4 qui entraîne $O + A > 10$ en 1re colonne (impossible). Reste le test a avec seule possibilité pour A la valeur 3 pour avoir $O + A < 10$. On déduit alors $Z = 0$ et l'unique solution :

$$\begin{array}{cccccc} & 6 & 0 & 6 & 2 & 1 \\ & 3 & 0 & 6 & 4 & 1 \\ \hline = & 9 & 1 & 2 & 6 & 2 \end{array}$$

Problème 54

ONZE × A = ZÉRO

$A \neq 1$ vaut au moins 2. Le multiplicande et le produit ont le même nombre de chiffres. On a donc $A \times O < 10$. En particulier, si $A \geq 5$, on a $O = 1$. En dernière colonne, connaissant A et O, on déduit E ($A \times E$ se termine par O). En particulier, si A est pair, on a aussi O pair. Pour chaque couple (A, O), on détermine les valeurs possibles de Z ($Z = A \times O$ + retenue éventuelle). Connaissant ZE, la partie entière de ZE/A donne ON et donc N. On connaît maintenant ONZE. En testant chacune des lignes du tableau suivant, marquées d'un astérisque (cas où les cinq lettres A, O, E, Z et N sont différentes), on obtient la solution unique : $2\,164 \times 3 = 6\,492$.

A	O	E	Z	N	
2	4	7	8	3	*
			9	8	*
3	1	7	4	5	*
			5	9	*
3	**2**	**4**	**6**	**1**	*
			7	4	

A	O	E	Z	N	
3	2	4	8	8	
4	2	8	9	4	
4	2	3	8	0	*
			9	3	
7	1	3	8	1	
			9	3	

Problème 55

RENNES + NANTES = ANGERS

En dernière colonne, on a S = 0 et en 5e colonne, R qui est pair. En 1re colonne, on a A > N. En 2e colonne, on a donc N < A, mais aussi N < E et une retenue en 1re colonne. E > N n'entraîne pas de retenue en 3e colonne.

R pair vaut au moins 2. Compte tenu de la retenue en 1re colonne, N vaut au plus 6. Mais si N = 6, on a G = 2 en 3e colonne et R au moins égal à 4, ce qui fait qu'en 1re colonne, on aurait 1 + R + N qui dépasserait 10 (impossible). Comme N ne peut valoir 5 (G vaudrait 0, valeur déjà attribuée à S), on a N < 5 et pas de retenue en 2e colonne.

2e colonne, on a : $E + A = 10 + N$ (1)

1re colonne, on a : $1 + R + N = A$ (2)

En additionnant, on obtient : $R + E = 9$ (3)

En 5e colonne, on a $2 \times E$ qui se termine par R. (3) devient $2 \times E + E = 9$; seule possibilité : E = 3 et R = 6.

En 4e colonne, N et T se partagent les valeurs 1 et 2 pour avoir N + T = E = 3. Si N = 1, on a G = 2, valeur déjà attribuée à T.

On a donc N = 2, T = 1 et G = 4. La connaissance de toutes ces lettres permet de déterminer A = 9 et la solution :

	6	3	2	2	3	0
+	2	9	2	1	3	0
	9	2	4	3	6	0

Problème 56

JUPITER + SATURNE + URANUS = NEPTUNE

Écrivons l'opération en indiquant les retenues.

	w	v	u	t	s	r	
	J	U	P	I	T	E	R
+	S	A	T	U	R	N	E
+		U	R	A	N	U	S
=	N	E	P	T	U	N	E

En dernière colonne, R + S = 10 (1), avec la retenue r = 1. En 6e colonne, avec la retenue venant de R + S, on déduit U + E = 9 (2), avec s = 1. En 3e colonne, on a P au-dessus et au-dessous du trait d'addition. Trois possibilités :

- R + T = 10 (impossible, on a déjà R + S = 10) ;
- R + T = 9 (impossible : en 5e colonne, on aurait avec la retenue s = 1 et R + T = 9, N = U) ;
- R + T = 8 (3) et la retenue u = 2.

En 5e colonne, on déduit 1 + U = N (4) et la retenue t = 1. La retenue u = 2 en 3e colonne entraîne en 4e colonne 1 + I + U + A ≥ 20 (5). R + T = 8 entraîne la retenue v = 1 en 2e colonne où on a 1 + 2U + A se termine par E ou d'après (2) par 9 – U, soit 3 U + A se termine par 8 (6). En 1re colonne, N, supérieur à U d'une unité d'après (4), vaut au moins 4. Faisons varier N de 4 à 9. Les relations (4), (2) et (6) nous donnent successivement les valeurs de U, E et A. Puis on indiquera pour chaque test les valeurs de I respectant l'inégalité (5), et lorsque cela est possible la ou les valeurs qui en résultent pour T dans la 4e colonne de l'addition, la relation (3) nous donnant alors R et la relation (1) la valeur de S. On obtient la table de tests suivante :

	N	U	E	A	I	T	R	S
A	4	3	6	9	7	0	8	2
					8	1	7	$\underline{3}$
B	5	4	$\underline{5}$					
C	6	5	4	3				
D	7	6	3	0				
E	8	7	2	$\underline{7}$				
F	9	8	1	4	7	0	$\underline{8}$	

Le premier test est le seul pour lequel les huit valeurs attribuées sont différentes. En 1re colonne, on déduit J = 1 et il reste pour P la dernière valeur 5 non encore attribuée. On obtient la solution :

$$\begin{array}{rrrrrrrr} & 1 & 3 & 5 & 7 & 0 & 6 & 8 \\ + & 2 & 9 & 0 & 3 & 8 & 4 & 6 \\ + & & 3 & 8 & 9 & 4 & 3 & 2 \\ \hline = & 4 & 6 & 5 & 0 & 3 & 4 & 6 \end{array}$$

Problème 57

UN + DEUX + DEUX + DEUX + DEUX = NEUF

La résolution s'opère par la connaissance de la retenue r de la 2e colonne (celle des E). Connaissant r, on déduit E (r + 3 E se termine par 0). Connaissant r, on déduit également U en 3e colonne sachant qu'en outre : si U ≥ 5, alors U impair, si U < 5, alors U pair. On détermine en même temps la retenue s dans la colonne des U. Connaissant E, on a D = 1 si E ≥ 5 et D = 1 ou 2 si E < 5. Connaissant DE, on détermine N. En testant r de 0 à 3, on obtient la table de tests suivante :

r	E	U	D	N	s
0	0				
1	3	2	1	5	2
2	6	4	1	<u>6</u>	
2	6	5	1	<u>6</u>	
3	9	7	1	<u>7</u>	

Seule la retenue r = 1 donne un ensemble (E, U, D, N) pour lequel les quatre valeurs attribuées sont différentes. N = 5 et la retenue s = 2 dans la colonne des U, entraîne en dernière colonne 5 + 4 X = 20 + F. La seule possibilité avec les valeurs non encore attribuées est X = 6 qui donne F = 9. On obtient la solution :

$$
\begin{array}{rrrrr}
 & & & 2 & 5 \\
+ & 1 & 3 & 2 & 6 \\
+ & 1 & 3 & 2 & 6 \\
+ & 1 & 3 & 2 & 6 \\
+ & 1 & 3 & 2 & 6 \\
\hline
 & 5 & 3 & 2 & 9
\end{array}
$$

Problème 58

EINS + NEUN = FUNF + FUNF

Posons l'équation avec les retenues r, s, t et u.

		r		t				s		u	
		E	I	N	S			F	U	N	F
+		N	E	U	N	+		F	U	N	F
=	a	b	c	d	e		a	b	c	d	e

Les retenues t et u sont différentes. Sinon, nous aurions $U = N$. Les retenues r et s sont différentes. Sinon, $E + N$ se terminerait comme $2\,F$ (1re colonne) et donc aussi comme $S + N$ (4e colonne), ce qui conduirait à $E = S$. L'égalité de ab dans les deux additions entraîne : $r + E + N = s + 2\,F$ (1). L'égalité de e dans les deux additions entraîne : $2\,F - 10\,u = S + N - 10\,t$ (2). Additionnons (1) et (2). Il vient : $r + E + 10\,t = s + S + 10\,u$ (3), relation symétrique importante. Si $t = 1$ et donc $u = 0$, le 1er membre de (3) vaut au moins 10. Seule possibilité pour le 2e membre, $s = 1$ avec $S = 9$ puis $r = 0$ avec $E = 0$ dans le 1er membre (impossible, E commence un nombre). La seule possibilité est la symétrique :

$t = 0$, $u = 1$ et donc $E = 9$ avec $r = 1$ dans le 1er membre,

puis $S = 0$ et $s = 0$ dans le 2e membre.

$u = 1 \Rightarrow F \geq 5$. Connaissant F, on déduit N en dernière colonne (2 F se termine par N, S valant 0) et U (en 3e colonne, on a $U = 1 + N$). Par ailleurs $s = 0$ entraîne $U < 5$. Faisons varier F.

	F	N	U
a	6	2	3
b	7	4	5
c	8	6	7

Seul le test a vérifie la condition $U < 5$. Connaissant FUNF, il suffit d'effectuer la deuxième addition pour connaître le résultat. On déduit alors I dans la première addition et la seule solution au problème posé : 9 720 + 2 932 = 6 326 + 6 326 = 12 652.

Problème 59

$DIX^2 - SIX^2 = SEIZE \times 4$

Cette équation peut encore s'écrire :

$$(DIX + SIX)\ (DIX - SIX) = 4 \times SEIZE \text{ ou encore}$$

$$(DIX + SIX)\ (D - S) \times 100 = 4 \times SEIZE \qquad (1)$$

DIX + SIX est pair et le 1er membre est donc divisible par 200. On a donc SEIZE multiple de 50 soit ZE = 50. On a : 1er membre > $(D + S)\ (D - S) \times 10\,000$. On a : 2e membre < $4 \times 10\,000\ (S + 1)$. De ces deux inégalités, on déduit : $D^2 - S^2 < 4\ S + 4$ ou $D^2 < S^2 + 4\ S + 4$ carré de $(S + 2)$ et donc $D < S + 2$. Or on a $S < D$ et $D < S + 2$. Seule possibilité : $D = S + 1$.

Écrivons les nombres sous leur forme algébrique, après avoir remplacé D par S + 1 :

$$SIX = 100\ S + 10\ I + X \text{ et } DIX = 100\ S + 100 + 10\ I + X$$

$$SEIZE = 10\,000\ S + 100\ I + 50$$

et portons ces valeurs dans la relation (1). Après développement et simplification, on obtient :

$$100\ S = 8\ I + X + 49 \qquad (2)$$

De cette relation, on déduit S qui vaut au maximum 1, puis D = 2. Après avoir remplacé S par 1 dans (2), on obtient l'équation $8\ I + X = 51$ dont les seules solutions entières inférieures à 10 sont I = 6 et X = 3.

Toutes les lettres sont désormais connues. On obtient la solution unique :

$$263^2 - 163^2 = 4 \times 10\,650$$

Problème 60

DZETA + GAMMA = LAMBDA

On déduit facilement L = 1 en 1re colonne et A = 0 en dernière colonne. En 3e colonne, A = 0 entraîne 1 + Z = M (1) et pas de retenue pour la 2e colonne soit D + G = 10 (2). Ni D, ni G ne peuvent valoir 9, l'autre lettre vaudrait 1, valeur de L. M ne peut valoir 9, on aurait une retenue en 4e colonne et E = B. De même, T ne peut valoir 9, on aurait en 5e colonne $1 + D = M$ incompatible avec (1). Pour la même raison, E ne peut valoir 9 en 4e colonne. B ne peut valoir 9, il n'y aurait pas de retenue en 3e colonne et on aurait $Z = M$. Comme $Z < M$ ne peut non plus valoir 9, on conclut que le cryptarithme ne comporte pas de 9 et que la somme des valeurs des 9 lettres est la somme des chiffres de 0 à 8, égale à 36. On a : $A = 0$, $L = 1$, $D + G = 10$, la somme des cinq autres lettres est donc égale à 25 : $Z + M + B + E + T = 25$ (3). En 3e colonne, rappelons : $M = Z + 1$ (1). Si r est la retenue en 4e colonne, on a : $10 + B = r + E + M$ (4). En 5e colonne, on a : $10\ r + D = T + M$ (5).

Additionnons (3) + (1) + (4) + (5). On obtient : $D = 16 - 2\ B - 9\ r$ (6). En 4e colonne, on a $B < 9$, E, M et donc aussi à Z. B vaut donc au plus 5. Faisons varier B de 2 à 5. La relation (6) donne D et même la retenue r dans la colonne (E, M, B). Connaissant D, la relation (2) nous donne G, complément de D par rapport à 10. Pour chaque B, on connaît donc D, G, A et L. À ce niveau, le décryptage des quatre autres lettres au moyen des 4 valeurs non encore attribuées, sachant qu'en outre Z et M se suivent dans cet ordre, est un jeu d'enfant.

On obtient la solution : 34 680 + 70 550 = 105 230.

Problème 61

OÙ SONT PASSÉS MES MULETS ?

En 2e colonne, on démontre assez facilement $A = 9$ et $U = 0$ et en 3e colonne $S \geq 5$ pour qu'il y ait retenue en 2e colonne. En dernière colonne, S se retrouve au-dessus et au-dessous du trait d'addition et on a $U = 0$. Il reste donc $S + T = 10$ avec $S > 5$ (1). S est donc au moins égal à 6, la valeur 0 étant portée par U et la valeur 9 par A, on a en 4e colonne $O + S + M > 10$ et donc une retenue (1 ou 2) en 3e colonne. Pour chaque S, il y a donc une ou deux valeurs possibles pour L. Nous pouvons désormais construire la table de tests en faisant varier S de 6 à 8. Pour chaque valeur de S, (1) nous donne T. Pour chaque quintuplet A, U, S, T, L, on détermine en 1re colonne les couples P, M encore possibles (P et M se suivent dans cet ordre). On connaît alors sept lettres sur 10 et leur somme Σ. Le complément de cette somme par rapport à 45 nous donne la somme (O + N + E) des trois lettres non encore connues. En 5e colonne, connaissant (O + N + E) et T, on déduit E, non sans oublier qu'il y a une retenue 1 provenant de la dernière colonne. En 4e colonne, connaissant S, M, E et la retenue provenant de la 5e colonne, on déduit O, et il reste pour N la seule valeur non encore attribuée.

A	U	S	T	L	P	M	Σ	O + N + E	E	O	N
9	0	6	4	3	1	2	25	20	3		
9	0	6	4	3	7	8	37	8	5	0	
9	0	7	3	5	1	2	27	18	4	3	
9	0	7	3	6	1	2	28	17	5	4	8
9	0	7	3	6	4	5	34	11	1	8	2
9	0	8	2	7	3	4	33	12	9		
9	0	8	2	7	4	5	35	10	1	7	
9	0	8	2	7	5	6	37	8	3	8	

Des deux tests encore possibles, seul le deuxième respecte la colonne (S, S, L) avec la retenue venant de la colonne (O, S, M).

Solution : 80 + 7 823 + 497 717 + 517 = 506 137.

Problème 62

De UN à DEUX, j'ai utilisé UNE fois le chiffre X

De UN à DEUN, il y a DE0 dizaines pleines et chacune d'elles comporte une fois le chiffre X comme chiffre des unités. De UN à DEUX, on compte donc en chiffres des unités DE0 fois le chiffre X si N > X et DE1 fois le chiffre X si N < X.

De UN à DEUN, il y a DE centaines pleines et chacune d'elles comporte dix fois le chiffre X au rang des dizaines. De UN à DEUX, on compte donc DE0 fois le chiffre X au rang des dizaines.

Le chiffre X, utilisé UNE fois et donc moins de 1 000 fois, ne peut pas apparaître au rang des milliers.

Dans chaque millier, le chiffe X apparaît 100 fois au rang des centaines et selon la valeur de E par rapport à X, de UN à DEUX, on comptera D00 fois le chiffre X si $E < X$, $(D + 1)00$ fois le chiffre X si $X \neq 0 < E$ et D00 fois le chiffre X si X est nul.

Quoi qu'il en soit, au rang des centaines, le chiffre X apparaît $\Delta 00$ fois (Δ pouvant valoir D ou $D + 1$). Le chiffre X apparaissant UNE fois, on est ramené à résoudre les deux cryptarithmes :

$$DE0 + DE0 + \Delta 00 = UNE \text{ si } N > X \ (1)$$
$$\text{ou } DE1 + DE0 + \Delta 00 = UNE \text{ si } N < X \ (2)$$

Dans le premier, on trouve rapidement $E = 0$, puis $N = 0$ (impossible). Dans le deuxième, on trouve $E = 1$ en dernière colonne, puis $N = 2$ en deuxième colonne avec $X > N$ et donc aussi $X > E$ et donc $\Delta = D$, avec pour seule valeur possible de D, $D = 3$, qui donne $U = 9$. Et on obtient la phrase décryptée : De 92 à 319X, j'ai utilisé 921 fois le chiffre X. Certes X reste une inconnue, mais on connaît la valeur de UN = 92 qui vous était demandée.

Problème 63

DEUX divise HUIT et DOUZE

La résolution de ce problème est assez longue. Pour chaque diviseur potentiel de DOUZE, ce diviseur pouvant varier de 6 à 19, on est amené à résoudre un cryptarithme particulier de la forme : DEUX × A = DOUZE, la lettre A variant de 6 à 19. Une fois qu'on a toutes les solutions possibles de « DEUX divise DOUZE », il reste à examiner celles pour lesquelles un multiple de DEUX puisse satisfaire les conditions posées pour le nombre HUIT (deuxième chiffre identique au troisième chiffre de DEUX et tous les autres différents de ceux déjà utilisés pour DEUX et DOUZE). La solution est unique :

SIX = 362, DEUX = 1 492, HUIT = 5 968, DOUZE = 17 904

Chapitre 9

Opérations mystérieuses et insolites

Problème 64

Produit des inverses

Le résultat s'écrit ABC ABC = ABC $\times$ 1 001. 1 001 est le produit des trois nombres premiers $7 \times 11 \times 13$. Du multiplicande et du multiplicateur, l'un d'eux est donc multiple de 11; or si un nombre de trois chiffres est multiple de 11, le nombre obtenu en inversant l'ordre de ses chiffres est lui-même multiple de 11. Le multiplicateur et le multiplicande sont donc tous les deux, multiples de 11. Un de ces deux nombres est aussi multiple de 13 et donc de $11 \times 13 = 143$. Ce nombre ne comportant que trois chiffres, ses seules valeurs possibles sont : 143, 286, 429, 572, 715 ou 858. Le produit est multiple de 7, l'autre nombre obtenu en inversant les chiffres de ceux écrits ci-dessus doit donc être multiple de 7, condition vérifiée pour 429 dont l'inverse 924 est bien divisible par 7.

Solution : $429 \times 924 = 396\ 396$.

Problème 65

Opérations anagrammes

Désignons par S la somme des cinq chiffres d'un ensemble répondant aux conditions de l'énoncé, par s le résidu modulo 9 de cette somme S et par x le résidu modulo 9 du multiplicateur dans le premier membre de l'égalité. Le résidu du multiplicande est alors $(s - x)$. En effectuant le produit, on obtient : $x\ (s - x) = s \bmod 9$ (1). En faisant varier x de à 0 à 8 dans l'équation (1), on déduit s pour chaque valeur de x :

x	0, 3 ou 6	1, 4 ou 7	2, 5 ou 8
s	0	impossible	4

On observe que S est soit un multiple de 9, soit un multiple de 9 augmenté de 4. Par ailleurs, pour chaque valeur de S, on connaît les valeurs possibles de x et donc du multiplicateur sans se voir obligé de se disperser dans ses recherches. Compte tenu de la différence obligatoire entre les chiffres, la plus petite valeur possible pour S est 13 et la plus grande 31. Sommes possibles :

- $S = 13$, par exemple : $401 \times 26 = 10\,426$;
- $S = 18$, par exemple : $870 \times 21 = 18\,270$;
- $S = 22$, par exemple : $704 \times 65 = 45\,760$;
- $S = 27$, par exemple : $678 \times 42 = 28\,476$;
- $S = 31$, par exemple : $983 \times 65 = 63\,895$.

Problème 66

Multiplications miroirs

Ce problème se résout facilement en utilisant la preuve par 11. Si x est le résidu modulo 11 de ABC, celui de CBA est aussi x. Si y est celui de DE, celui de ED est $-y$. Soit à résoudre : $xy = -xy$ mod 11 soit $x \equiv 0$ mod 11. Seule possibilité : ABC est un multiple de 11 et on a :

$$B = A + C \text{ ou } B = A + C - 11$$

1er cas. B = A + C. On a dans ce cas ABC = 11 × AC et CBA = 11 × CA et il faut résoudre AC × DE = CA × ED, soit (10A + C) (10D + E) = (10 C + A) (10E + D), équation qui se simplifie en : 99A × D = 99 E × C. Il faut donc avoir : A × D = E × C, condition en outre suffisante avec pour seule contrainte (A + C) < 10. Vérifions-le sur un exemples A × D = E × C = 12 avec A = 3, D = 4, E = 2, C = 6 et B = A + C = 9. 396 × 42 = 693 × 24 = 16 632. Cette solution n'est pas unique.

2e cas. B = A + C – 11. On a alors ABC = 11(AC – 10) et CBA = 11(CA – 10). Et il faut résoudre (10A + C – 10) (10D + E) = (10C + A – 10) (10E + D) qui se simplifie en 11(A × D – C × E) = 10(D – E). D étant différent de E, D – E n'est pas nul, et on ne pourra jamais obtenir 10(D – E) multiple de 11. Ce dernier cas ne conduit à aucune solution.

Problème 67

À l'endroit, à l'envers

Il suffit de permuter le 2 et le 6 dans la partie supérieure, de même que le 2 et le 6 dans le nombre 6 502. L'identité devient :

– à l'endroit : 201 × 16 = 2 506 + 691 + 19 ;

– et après retournement : 61 + 169 + 9 052 = 91 × 102.

Problème 68

Double symétrie

Premier point : le multiplicande comporte cinq chiffres, le multiplicateur trois chiffres et le résultat sept chiffres. Le premier chiffre B du résultat est donc supérieur au premier chiffre du multiplicande, soit B > A. Le nombre 1 111 111 a pour seuls diviseurs 239 et 4 649. Les seules possibilités pour le multiplicateur, nombre à trois chiffres sont donc : 239, 478, 717 et 956. Si on multiplie le dernier chiffre du multiplicateur par le dernier chiffre du multiplicande qui n'est autre que A, deuxième chiffre du multiplicateur, on obtient B, dernier chiffre du résultat :

- pour 239, on obtient B = 7 (dernier chiffre de 3×9) ;
- pour 478, on obtient B = 6 (dernier chiffre de 7×8 ; à rejeter, on a B < A) ;
- pour 717, on obtient B = 7 (à rejeter, il y a d'autres chiffres que B qui valent 7) ;
- pour 956, on obtient B = 0 (à rejeter, B ne pouvant valoir 0).

Reste une seule possibilité qui pour notre chance, conduit à la solution cherchée : $32\,543 \times 239 = 7\,777\,777$.

Problème 69

Opération du palindrome

Écrivons la multiplication sous la forme :

$$\begin{array}{cccc} B & C & D & E \\ \times & & & A \\ \hline D & C & B & A \end{array}$$

avec A, B, C, D et E non nécessairement différents, B et D pouvant être nuls.

$A \neq 1 \Rightarrow A \geq 2$. Trois cas sont possibles pour la dernière colonne :

- $A = 5 \Rightarrow E$ impair ;
- A est pair $\Rightarrow E = 1$ ou 6 ;
- A est impair $\Rightarrow E = 1$.

Le multiplicande et le résultat ont chacun quatre chiffres. On a donc $A \times B < 10$. Pour chaque valeur de $A \geq 2$, on fait varier B tel que $A \times B < 10$. On détermine pour chaque couple (A, B) les valeurs possibles de D, en examinant soit la 1re colonne, soit la 3e et en vérifiant selon la colonne observée si l'autre est également respectée. Reste alors à vérifier la 2e colonne en déterminant C de manière que $A \times C$ + retenue en provenance de $A \times D$ redonne C. La solution unique est obtenue pour $A = 6$ et $B = 1$, couple qui conduit à la solution :

$$6 \times 1\,386 = 8\,316$$

Problème 70

La ronde (1)

Autre suite cyclique de dix nombres vérifiant les conditions imposées :

17 – 86 – 43 – 216 – 108 – 54 – 27 – 136 – 68 – 34 – 17…

Problème 71

La ronde (2)

Une solution possible :

6 – 3 – 16 – 8 – 4 – 2 – 1 – 6…

Chapitre 10

La géométrie au quotidien

Problème 72

Ballon de foot

Désignons par x le nombre de panneaux pentagonaux. Chacun de ces panneaux est entouré de 5 panneaux hexagonaux, ce qui donne $5x$ panneaux hexagonaux; mais attention, dans ce comptage, chaque panneau hexagonal, entouré de trois panneaux hexagonaux et de trois panneaux pentagonaux, a été comptabilisé trois fois. Il y a donc en réalité $5x/3$ panneaux hexagonaux. La différence entre ce nombre de panneaux hexagonaux et le nombre x de panneaux pentagonaux est égale à 8. On est amené à résoudre l'équation : $5x/3 - x = 8$, équation de laquelle on tire $x = 12$. L'enveloppe d'un ballon officiel de football se compose donc de 12 panneaux pentagonaux et de 20 panneaux hexagonaux, soit au total 32 panneaux.

Problème 73

Données partielles

Pour résoudre ce problème, il est utile de rappeler le résultat suivant : dans un triangle, toute sécante issue d'un sommet partage ce triangle en deux triangles dont les aires sont proportionnelles aux longueurs des segments délimités par cette sécante sur le côté opposé.

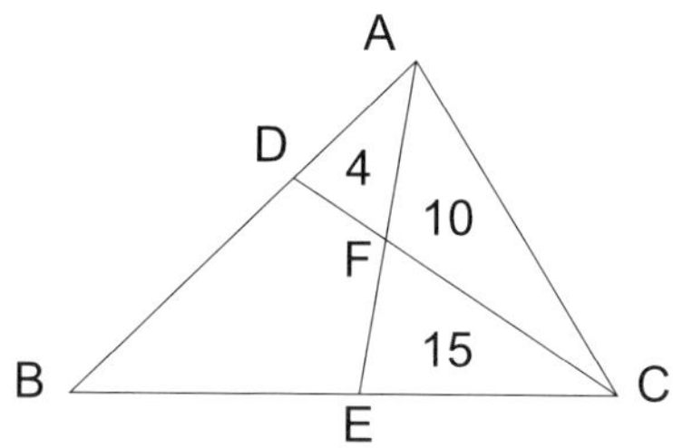

Ainsi, dans la figure ci-dessus, on a :

$$\frac{\mathcal{A}(ABE)}{\mathcal{A}(ACE)} = \frac{BE}{CE}$$

résultat facile à démontrer, ces deux triangles ayant la même hauteur issue de A. Venons-en à notre triangle.

$$\frac{EF}{AF} = \frac{\mathcal{A}(DEF)}{\mathcal{A}(ADF)} = \frac{\mathcal{A}(EFC)}{\mathcal{A}(AFC)} \Rightarrow \mathcal{A}(DEF) = \frac{4 \times 15}{10} = 6$$

Dans les triangles BDC et ABC, on peut écrire :

$$\frac{BE}{CE} = \frac{\mathcal{A}(BDE)}{\mathcal{A}(DEF + EFC)} = \frac{\mathcal{A}(BDE) + \mathcal{A}(ADF + EFD)}{\mathcal{A}(AEC)}$$

soit :

$$\frac{\mathcal{A}(BDE)}{21} = \frac{\mathcal{A}(BDE) + 10}{25}$$

relation de laquelle on déduit $\mathcal{A}(BDE) = 52{,}5$. Connaissant les aires des cinq triangles, on déduit celle du triangle ABC égale à $52{,}5 + 6 + 4 + 10 + 15 = 87{,}5$.

Problème 74

Très particulier

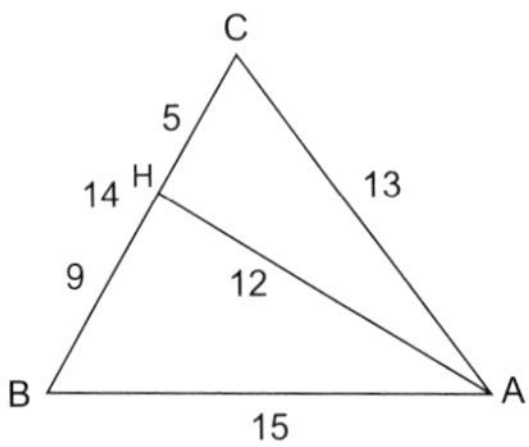

Avec un peu d'intuition, on peut observer que le triangle proposé est formé par la juxtaposition de deux triangles pythagoriques (triangles rectangles dont les mesures des trois côtés sont des nombres entiers), le deuxième de la série (5, 12, 13) et un multiple du premier d'entre eux (9, 12, 15). Le côté commun de longueur 12 constitue la hauteur abaissée sur le côté de longueur 14, formé par les côtés 5 et 9 de ces deux triangles.

L'aire du triangle ainsi formé est égale à 1/2 AH × BC = 84.

Problème 75

Partage équitable

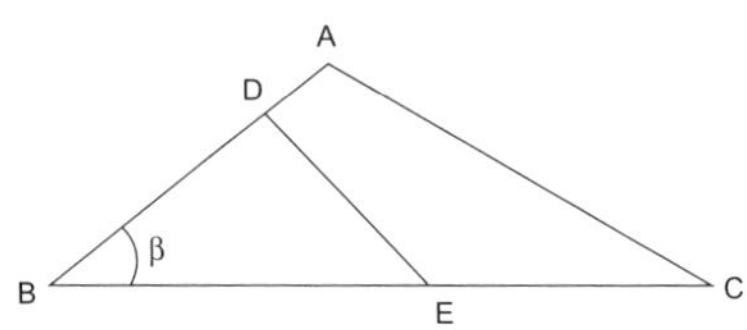

L'égalité des périmètres entraîne : DA + AC + CE = EB + BD. La somme des deux membres de cette égalité n'est autre que le périmètre. On déduit que chaque membre est égal au demi-périmètre soit : BE + BD = 67 m (1). L'égalité des aires entraîne : $\mathcal{A}$ (ABC) = 2 × $\mathcal{A}$ (BDE) soit :

$$1/2\ AB \times BC \sin \beta = 2 \times 1/2\ BD \times BE \sin \beta,$$

soit après simplification :

$$BD \times BE = 1/2\ AB \times BC = 1\,080 \qquad (2)$$

Connaissant la somme 67 des longueurs BE et BD et leur produit 1 080, celles-ci se déduisent facilement par la résolution de l'équation du deuxième degré : $x^2 - 67x + 1\,080 = 0$ dont les racines 27 et 40 ne sont autres que ces deux longueurs. On en déduit : BD = 27 m et BE = 40 m.

Problème 76

La puce sauteuse

Préambule. Sur un circuit fermé dessiné sur papier quadrillé, et après s'être donné un sens de parcours, colorons en vert les segments horizontaux parcourus de la gauche vers la droite et en rouge, ceux parcourus de la droite vers la gauche. De même, colorons en bleu les segments verticaux parcourus de bas en haut et en orange ceux parcourus de haut en bas. Sans être des experts en propriétés des vecteurs, il est facile de voir que le nombre de segments-unités verts et celui des segments-unités rouges sont identiques. De même, on constate que le nombre de segments-unités bleus et

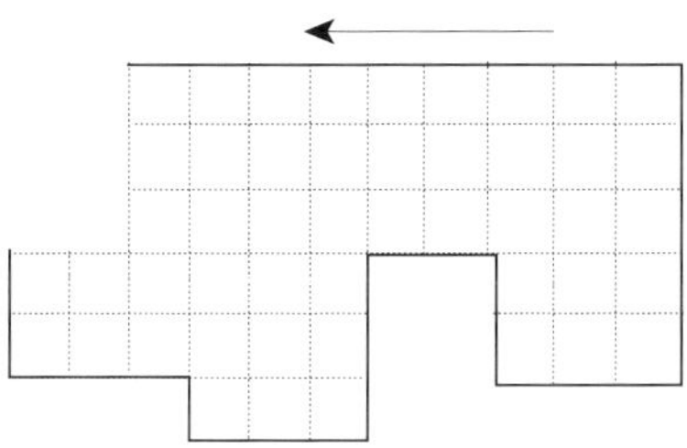

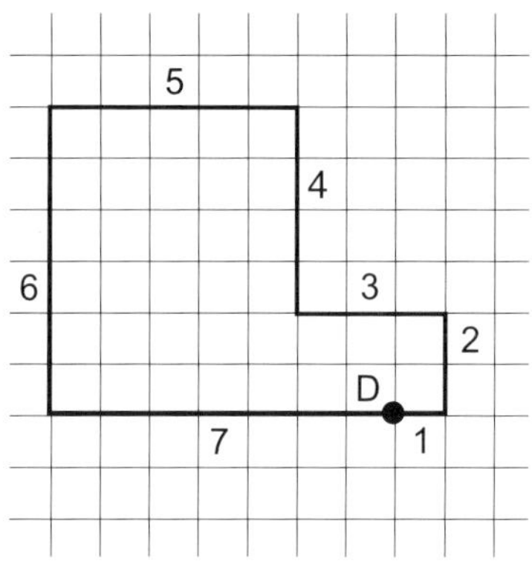

celui des segments-unité orange sont identiques. La suite des n sauts de la puce est représentée par la suite des nombres de 1 à n. Ses sauts horizontaux auront pour longueurs la suite des premiers nombres impairs inférieurs ou égaux à n et leur somme devra être paire compte tenu de ce qui vient d'être dit. Ses sauts verticaux auront pour longueurs la suite des premiers nombres pairs inférieurs ou égaux à n et leur somme devra être également paire. La plus petite valeur de n pour laquelle ces conditions sont réunies est 7. La somme des impairs est égale à $1 + 3 + 5 + 7 = 16$ (pair) avec les sauts 1 et 7 dans un sens et les sauts 3 et 5 dans l'autre. La somme des pairs est égale à $2 + 4 + 6 = 12$ avec les sauts 2 et 4 dans un sens et le saut 6 dans l'autre sens. L'ensemble de ces considérations conduit à la solution unique ci-dessus.

Problème 77

Les croissants réunis

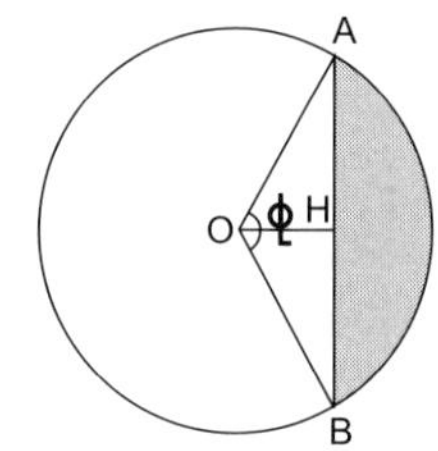

Les trois zones ont la même aire. L'aire de la zone centrale est donc la moitié de celle de chaque cercle. Le segment AB est segment de symétrie. AB est donc situé de façon que l'aire de la zone grisée à sa droite soit le quart de celle du cercle.

Si R est le rayon du cercle, l'aire du secteur OAB est $R^2 \times \Phi/2$, Φ étant l'angle au centre, exprimé en radians.? Celle du triangle OAB est $1/2\ R^2 \sin \Phi$. L'aire grisée vaut donc : $1/2\ R^2\ \Phi - 1/2\ R^2 \sin \Phi$. Elle est égale au quart de celle du cercle qui vaut πR^2. On a donc : $1/2\ R^2\ \Phi - 1/2\ R^2 \sin \Phi = 1/4\ \pi R^2$ soit $\Phi = \pi/2 + \sin \Phi$?avec Φ exprimé en radians. Cette équation se résout facilement par itérations successives à l'aide d'une calculatrice programmable ou scientifique.

On obtient la racine $\Phi = 2{,}309\ 881$ radians = 132° 21′. La distance du centre de chacun des cercles au milieu du segment AB est 1 m/tan ($\Phi/2$) = 44,2 cm et le rayon de chaque cercle 1 m / sin ($\Phi/2$) = 1,093 m.

Problème 78

Problèmes d'eau

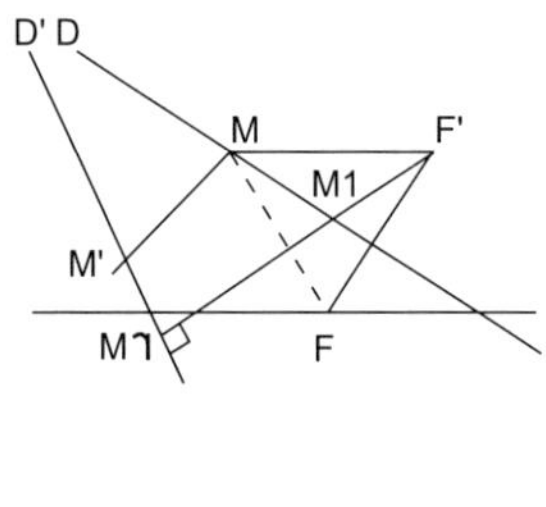

Désignons par D′ la voie ferrée, D la rivière, F la laiterie, M le point de captage, M′ l'usine le long de la voie ferrée et F′ le symétrique de F par rapport à D. Le problème est de savoir où placer M et M′ pour que MF + MM′ soit minimum. La longueur MF + MM′ est aussi égale à la longueur M′M + MF′ quels que soient les points M et M′. Pour rendre minimale la longueur de ce « bras coudé », il suffit de le « redresser » et de le faire passer par M'_1, pied de la perpendiculaire à D′ issue de F′. L'intersection de cette perpendiculaire $F'M'_1$ avec D détermine M_1, point optimal pour la réalisation du captage, le point M'_1 désignant quant à lui, le point optimal pour la construction de l'usine de M. Perot.

Problème 79

Les vases communicants

Plaçons-nous à un instant quelconque de la phase pendant laquelle l'eau contenue dans le vase A s'écoule dans le vase B. Les deux vases sont identiques par leur forme, l'un étant renversé par rapport à l'autre. Le volume d'eau contenu dans le vase B est identique par sa forme au volume de vide du vase A. La somme des hauteurs de l'eau dans les vases A et B est donc égale à la hauteur des vases, soit 20 cm et ceci, à tout moment de la phase de transfert, et en particulier à l'équilibre où, si H′ est la hauteur du liquide dans B et H la hauteur du liquide dans A, on a : H + H′ = 20 cm (1). Le fond du vase A est 6 cm au-dessus de celui du vase B. Les surfaces libres étant dans un même plan horizontal, on a : H′ – H = 6 cm (2). De (1) et de (2), on obtient H′ = 13 cm et H = 7 cm. À l'équilibre, la hauteur d'eau dans le vase B est de 13 cm.

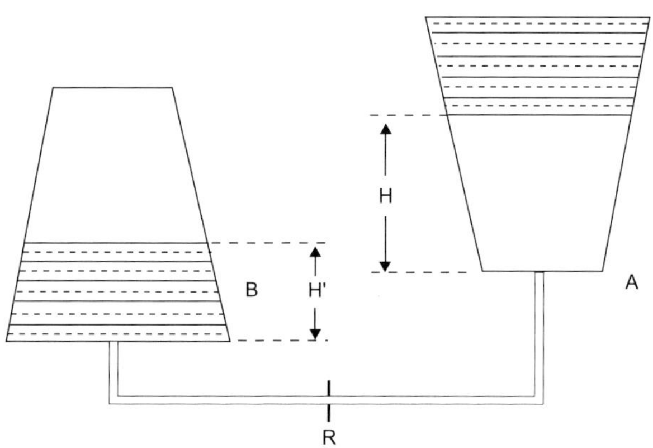

Problème 80

Pour aller chez Guillaume

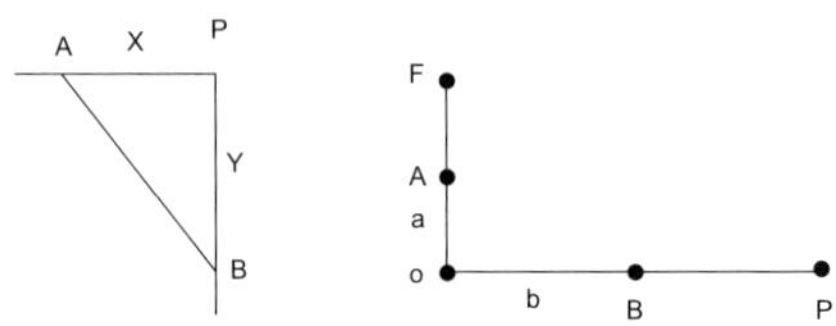

Plaçons-nous du côté de chez Guillaume. François quitte la route principale en A et rejoint le chemin en B (figure 1). Le temps du trajet AB à travers champ est :

$$t_1 = \frac{\sqrt{x^2 + y^2}}{3} \quad \text{soit :} \quad t_1^2 = \frac{x^2 + y^2}{9} \qquad (1)$$

S'il empruntait la route, le temps du trajet AB serait :

$$t_2 = \frac{x + y}{5} \quad \text{soit :} \quad t_2^2 = \frac{x^2 + 2xy + y^2}{25} \qquad (2)$$

225 [(1) – (2)] entraîne : $225\,(t_1^2 - t_2^2) = 9\,(x - y)^2 + 7(x^2 + y^2)$, expression toujours positive quels que soient x et y. On a donc toujours $t_1 > t_2$. François a donc intérêt à prendre la route plutôt que d'y aller à travers champ. Plaçons-nous maintenant du côté de chez François. Il quitte son chemin en A situé à a mètres de O et rejoint la route en B situé à b mètres de O (figure 2). La durée du trajet de F à G est égale à $t = d(\mathrm{FA}) + d(\mathrm{AB}) + d(\mathrm{BPG})$:

$$t = \frac{0{,}120 - a}{5} + \frac{\sqrt{a^2 + b^2}}{4} + \frac{0{,}360 - b}{5}$$

Supposons a fixe. La dérivée t' est égale à :

$$\frac{1}{4}\frac{b}{\sqrt{a^2 + b^2}} - \frac{1}{5}$$

qui s'annule pour $b = 4a/3$ et qui correspond pour t à un minimum à la valeur :

$$t = \frac{0{,}120 - a}{5} + \frac{5a}{12} + \frac{1{,}080 - 4a}{15} \text{ qui se simplifie en : } \frac{5{,}760 - 3a}{60}$$

Cette expression est minimum si a est maximum, soit pour $a = 120$ m. De A, François a donc intérêt à rejoindre directement à travers champ le point B de la route, situé à 120 m × 4/3 = 160 m de O et faire le reste du trajet par la route.

Distance du trajet : $\sqrt{120^2 + 160^2} + 80 + 120 = 400$ m.

Durée : $\dfrac{5,760 - 3 \times 0,120}{60} = 5$ min 24 s, le parcours de François étant représenté par la figure 3 ci-dessous.

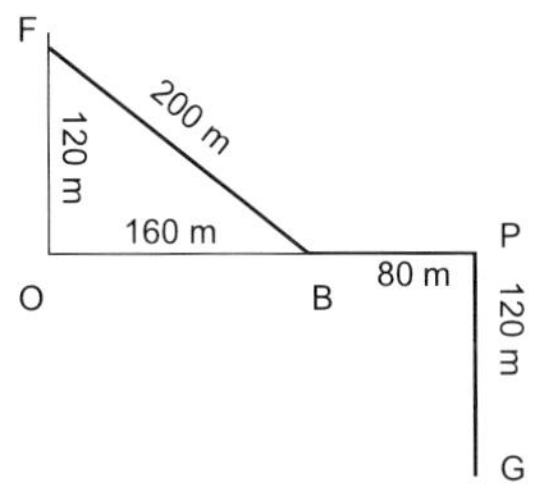

Problème 81

La course aux fanions

Désignons par M, N et P les trois points où seront plantés les fanions. Soient J le symétrique de I par rapport à A, E le symétrique de A par rapport à B, Q le symétrique de P par rapport à C, F le symétrique de E par rapport à CD. Le chemin IMNPA parcouru par les concurrents est égal à :

IM + MN + NP + PA = JM + MN + NQ + PE = JM + MN + NQ + QF

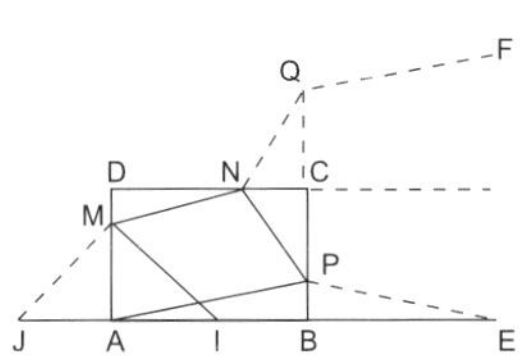

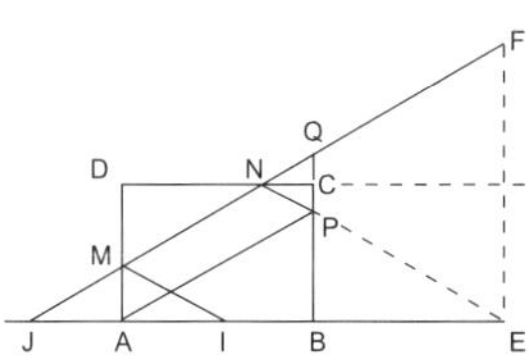

Or le chemin le plus court pour aller de J à F fixes est la ligne droite. En retraçant la figure, l'intersection de JF avec les côtés du rectangle, nous donne les points précis M, N où les concurrents devront placer leurs fanions pour que le trajet parcouru soit minimum, le troisième point P cherché étant l'intersection de NE avec BC. La longueur de ce trajet minimum est égale à :

$$JF = \sqrt{FE^2 + JE^2} = \sqrt{120^2 + 225^2} = 255 \text{ m}$$

Chapitre 11

Problèmes et casse-tête de déduction

Problème 82

À chacun sa place

F	O	U	R	M	I			
	C	I	T	R	O	N		
R	I	D	E	A	U			
			S	T	Y	L	E	T
	Y	A	O	U	R	T		
E	N	F	A	N	T			
		S	I	G	N	A	L	
			V	O	L	U	T	E
			G	L	A	C	O	N
		G	U	I	D	O	N	
	A	R	P	É	G	E		
A	R	O	N	D	E			

Problème 83

Réveillon

Agathe qui a reçu un livre de maximes et offert une bouteille de marc, n'est mariée ni à Maxime, ni à Marc. Ce n'est pas elle qui a reçu la jeannette; elle n'est donc pas mariée à Pierre. *Agathe est donc mariée à Olivier.* Pierre qui a reçu une Diane en onyx et offert une jeannette, n'est ni le mari de Diane, ni celui de Jeannette. Il n'est pas non plus celui d'Agathe. *Pierre est donc le mari de Rose. Diane,* mariée ni à Pierre, ni à Olivier, ni à son frère Marc *est l'épouse de Maxime.* Et *Marc est le mari de Jeannette.*

Problème 84

Les fines gourmettes

Solution : Pierre a pour petite amie Éliane, André a pour petite amie Léonie, Robert a pour petite amie Céline, Luc a pour petite amie Nicole et il reste Jacques qui a pour petite amie Cécile. Valeur des lettres : E, A et N : 1,70 euro, O : 1,60 euro, C : 1,50 euro. En revanche, nous n'avons pas suffisamment d'indices pour connaître le prix des lettres L et I, mais cela n'était pas demandé.

Problème 85

Chronologie

Ce problème se résout facilement en le prenant par la fin. On s'aperçoit par exemple qu'aucune des configurations ne peut avoir comme configuration précédente la B qui est donc la dernière. On remarque également que la configuration B ne peut être précédée que par celle de départ 12 345 (à rejeter) et par la F qui est donc la sixième; la configuration F et celle de départ sont les seules à comporter dans l'ordre les chiffres 2, 4 et 5 qui sont les trois premiers livres de la configuration B, etc. De fil en aiguille, on découvre la solution unique E – A – C – D – G – F – B.

Problème 86

Alpha-cubes

Le A n'a qu'une seule orientation possible. Sur la figure, il est donc toujours prolongé par la même lettre. Le O est la seule lettre de la figure pour laquelle la position de six d'entre elles est compatible avec la construction d'un carré latin. Parmi ces six lettres O, nous devons retenir le seul O de la 3e ligne, le seul O de la 6e ligne, le seul O de la 1re ligne et le seul O de la 6e colonne. Les deux autres O sont alors ceux placés en c2 et e4, ce qui nous permet déjà de placer la lettre A dans ces cases.

	a	b	c	d	e	f
1	A					1
2	O		A	1		
3			1	A		
4		1			A	
5	1	O				A
6		A	O		1	

La pointe du A est prolongée par un O. En a2 et c6, on a donc un O. Désignons par 1 la lettre obtenue en f1 et b4. Le seul 1 possible pour la 2e ligne est alors en d2, pour la 6e ligne en e6, pour la diagonale a1-f6, en c3 et enfin en a5. En particulier, compte tenu des emplacements correspondants sur la figure, on sait que 1 ne représente ni A, ni O, ni H, ni I. 1 représente donc X ou N (Z). En raisonnant de même pour le O, on démontre que le O de la diagonale a6-f1 ne peut aller qu'en b5. Les autres O s'obtiennent facilement en raisonnant de la même manière que pour 1, etc.

On finit par obtenir la seule configuration possible du cube.

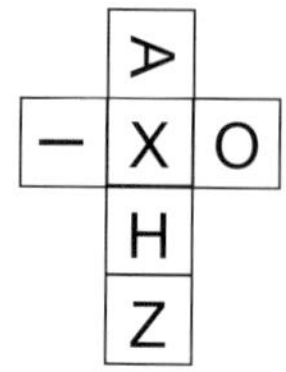

Le cube étant décodé, le reste est assez facile, on obtient la seule solution possible représentée par la figure ci-dessous :

	a	**b**	**c**	**d**	**e**	**f**
1	A	H	I	N	O	X
2	O	I	A	X	N	H
3	H	N	X	A	I	O
4	N	X	H	O	A	I
5	X	O	N	I	H	A
6	I	A	O	H	X	N

Problème 87

Scrabble et diagonales

T	R	A	I	E	**S**
S	**E**	R	I	**A**	T
T	I	**A**	**R**	E	S
É	T	**I**	**R**	A	S
S	**E**	R	A	**I**	T
T	A	R	I	E	**S**

R	O	N	G	E	A	**S**
R	**A**	G	E	O	**N**	S
S	O	**N**	G	**E**	R	A
O	N	A	**G**	R	E	S
É	G	**A**	R	**O**	N	S
O	**R**	G	A	N	**E**	S
O	R	A	N	G	E	**S**

Autres anagrammes possibles :

Pour le premier : SATIRE

Pour le deuxième : AGRÉONS

Problème 88

Au rayon des BD

Frédéric s'est acheté deux albums à 7,2 euros soit 14,4 euros, deux albums à 5 euros soit 10 euros, un album à 2,6 euros soit 2,6 euros et donc dépensé au total 27 euros. Et il n'a acheté aucun album à 8,2 euros.

Problème 89

Le secret du sphinx

	3			5			4			8		= 20
8	4	3	4	5	3	8	8	8	5	3	5	= 20
	5			8			3			4		= 20
	8			3			5			4		= 20

Chapitre 12

Les phrases autoréférentes

Problème 90

Petit entraînement

Une des multiples solutions : « Pour écrire en toutes lettres et dans leur ordre tous les nombres entiers de TROIS à DOUZE, j'ai utilisé quatre fois la lettre T » (dans TROIS, QUATRE, SEPT et HUIT).

Problème 91

Que de mots...

Le dernier espace recevra le nombre UN (mot au singulier), ce qui donne un total de HUIT mots de deux lettres. Avec cinq espaces encore libres, le nombre de mots à quatre lettres, les plus courants, n'atteindra pas dix-sept. Aucun nombre à inscrire dans les espaces libres ne comportera sept lettres, ce qui nous donne SEPT mots de sept lettres. Pour l'instant, nous avons douze mots de quatre lettres, deux de trois lettres, deux de cinq lettres et deux de six lettres pour quatre espaces encore libres. Aucun de ces espaces ne pourra recevoir ni le nombre six, ni le nombre dix. Il y a donc DEUX mots de trois lettres. Cela fait donc maintenant treize mots de quatre lettres et trois espaces à remplir. Le nombre de mots de quatre lettres ne peut pas être seize; il faudrait que chacun des trois espaces reçoive un nombre de quatre lettres et que l'un d'eux soit seize (impossible). De même, on peut démontrer que le nombre de mots de quatre lettres ne peut pas être quatorze ou quinze. On a TREIZE mots de quatre lettres. À ce stade, nous sommes en présence de trois mots de six lettres et deux de cinq lettres avec deux espaces correspondants à remplir. La phrase comporte au total 38 mots. Le total des deux nombres manquants est : 38 – (1 + 8 + 7 + 2 + 13) = 7. On trouve la seule possibilité compatible avec l'énoncé : QUATRE mots de six lettres et TROIS mots de cinq lettres.

Problème 92

Consonnes... voyelles...

Seule solution possible : « Cette phrase est composée de trente-neuf consonnes et de vingt-cinq voyelles ». Ce problème peut se résoudre au moyen de la méthode décrite pour la résolution du problème 94.

Problème 93

Autoréférence réciproque

Seule solution possible : « la phrase suivante comporte vingt-deux consonnes. La phrase précédente comporte seize voyelles ». Ce problème peut se résoudre au moyen de la méthode décrite pour la résolution du problème 94.

Problème 94

C'est bien vrai, ça !

Il n'est pas nécessaire de disposer d'un ordinateur pour arriver à bout d'un tel problème. Pour le résoudre, on se fixe un nombre arbitraire de consonnes, que l'on sait proche de la solution, un nombre arbitraire de voyelles que l'on sait proche de la solution, la somme de ces deux nombres étant le nombre de lettres, puis on écrit la phrase correspondante. Ainsi, supposons qu'il y ait soixante-dix consonnes et quarante-huit voyelles, soit cent dix-huit lettres. On écrira :

« Dans cette phrase, on dénombre cent dix-huit lettres qui se répartissent comme suit :

soixante-dix consonnes pour quarante-huit voyelles ».

Puis, partant de cette phrase comme référence, on compte le nombre de lettres (113), le nombre de consonnes (67) et le nombre de voyelles (46) qu'elle contient et on réécrit la phrase sur ces nouvelles données. On obtient :

« Dans cette phrase, on dénombre cent treize lettres qui se répartissent comme suit :

soixante-sept consonnes pour quarante-six voyelles ».

Puis on réitère le processus à partir de cette phrase qui comporte 112 lettres, 67 consonnes et 45 voyelles. On obtient :

« Dans cette phrase, on dénombre cent douze lettres qui se répartissent comme suit :

soixante-sept consonnes pour quarante-cinq voyelles ».

Si on réitère le processus à partir de cette dernière phrase, on retrouve exactement la même phrase qui constitue donc une solution au problème.

La seule faille : on ne peut pas certifier par cette méthode si la solution trouvée est unique. Cette unicité peut cependant être démontrée, mais au moyen d'autres méthodes plus complexes. En effet, avec ce procédé, on aboutit soit à une phrase qui se répète indéfiniment, cette phrase constituant une solution au problème, soit à un cycle de phrases, qui se reproduit indéfiniment (boucle), cycle appelé oscillateur lorsqu'il se limite à deux éléments, chacun étant généré par l'autre et réciproquement.

Certains auront reconnu dans ces procédés de construction la notion d'attracteur, utilisée par les spécialistes, élément dont on se rapproche de plus en plus, indépendamment du point de départ. Ces exemples d'attracteurs sont fréquents (*cf.* par exemple le problème 16 « Immatriculations » du chapitre 2).

Problème 95

L'art de se mettre en quatre

Solution : « À l'intérieur de ce cadre, on trouve trois fois la lettre Q, six fois la lettre U, onze fois la lettre A, vingt et une fois la lettre T, quatorze fois la lettre R, vingt-quatre fois la lettre E ».

Chapitre 13

Déplacements de pions et de jetons

Problème 96

À saute-chiffres

Voici une solution possible en quinze sauts. La solution ci-dessous indique l'ordre successif des pions déplacés, chacun d'eux indiqué par son numéro : chaque pion déplacé vient occuper la case laissée libre par le pion déplacé au coup précédent :

5, 2, 6, 5, 2, 3, 1, 3, 1, 7, 1, 3, 7, 5, 2.

On vérifiera en particulier que le pion n° 4 est resté immobile durant toute la partie.

Problème 97

Élimination à l'américaine

Une des solutions possibles. Chaque coup est représenté par une fraction, le numérateur désignant le pion déplacé et le dénominateur le pion éliminé par le pion déplacé.

8/4, 3/6, 5/10, 1/2, 11/5, 7/1, 11/9, 7/11, 3/7, 8/12, 3/8

On se retrouve en fin de partie avec le pion n° 3 sur la case 12.

Problème 98

L'octogone taquin

Si on désigne par O_1 le premier O de « Octogone », O_2 le deuxième et O_3 le troisième, il suffit de déplacer successivement vers la case vide et dans cet ordre, les jetons suivants :

$$O_3 - G - O_2 - O_3 - G - N - E - O_1 - C - T - O_3 - G$$

Problème 99

Permutations circulaires

Voici pour chaque problème une série de coups possibles. Dans chaque série, le numérateur indique le pion déplacé et le dénominateur, le pion avec lequel il permute. Avec 7 pions, une solution en 7 coups, sans toucher au pion n° 1 :

4/7, 5/4, 3/5, 6/3, 2/6, 6/5 et 5/7

Avec 13 pions, solution en 16 coups, sans toucher au pion n° 7, solution proposée par Louis Azémard, lecteur de *Jeux et Stratégie* :

2/13, 12/2, 3/12, 11/3, 4/11, 10/4, 5/10, 9/5,
6/9, 8/6, 1/8, 8/9, 9/10, 10/11, 11/12, et 12/13

Problème 100

Trois partout

Commençons par la fin. Lors de la dernière distribution, juste après le retrait des billes, il n'y en a plus une seule dans le trou choisi. À la fin de cette même distribution, il y a 3 billes dans ce même trou. Cela n'est possible que si, juste avant le début de la distribution, il y avait 15 billes dans le trou choisi et donc aucune dans les autres. Le principe de la solution consiste donc à amener les 15 billes dans un même trou. Ceci est toujours possible. Pour y arriver au plus vite, la raison recommande que l'on choisisse pour ce trou, celui qui contient 5 billes en début de partie, c'est-à-dire le trou e. Il faut donc faire en sorte qu'une bille soit déposée dans le trou e à chaque distribution, objectif atteint par exemple par les configurations montrées par le tableau ci-après :

	a	b	c	d	e
fin de la 10e distribution	0	0	0	0	15
fin de la 9e	0	0	0	1	14
fin de la 8e	0	0	2	0	13
etc.					

En inversant l'ordre, on obtient les répartitions suivantes à l'issue de chaque distribution, le chiffre en gras indiquant le trou de départ de la distribution suivante.

	a	b	c	d	e
répartition initiale	1	**4**	2	3	5
fin de la 1re	2	0	3	**4**	6
fin de la 2e	3	1	**4**	0	7
fin de la 3e	4	2	0	**1**	8
fin de la 4e	**4**	2	0	0	9
fin de la 5e	0	3	1	**1**	10
fin de la 6e	0	**3**	1	0	11
fin de la 7e	0	0	2	**1**	12
fin de la 8e	0	0	**2**	0	13
fin de la 9e	0	0	0	**1**	14
fin de la 10e	0	0	0	0	**15**
fin de la 11e	3	3	3	3	3

Problème 101

Awélé-monnaie

Il existe plusieurs possibilités d'atteindre la répartition souhaitée. En neuf manœuvres, voici une succession possible de coups, le chiffre en gras indiquant le trou choisi pour la distribution suivante :

3	3	3	3	3
0	**4**	4	4	3
1	0	**5**	5	4
2	1	1	**6**	5
3	2	2	1	**7**
5	4	3	**2**	1
6	4	**3**	0	2
7	**4**	0	1	3
8	0	1	2	4
1	2	3	4	5

Solution étonnante en ce sens qu'il suffit d'avancer d'un trou lorsqu'on passe d'une distribution à la suivante jusqu'à la cinquième, puis de reculer d'un trou à chaque distribution à partir de la sixième, stratégie mise en lumière dans le tableau ci-dessus par la configuration en gras des trous choisis à chaque distribution.

Si vous le souhaitez, vous pourrez étendre ce problème à celui de 28 pièces réparties dans 7 trous à raison de 4 pièces par trou, l'objectif étant d'obtenir la répartition : 1, 2, 3, 4, 5, 6, 7.

La stratégie décrite ci-dessus se montrera-t-elle aussi efficace dans ce nouveau cas de figure ?

Problème 102

Variations sur la rumba

Ici, la solution est unique, faisant de ce problème un véritable casse-tête. Elle est représentée par le tableau ci-après : les chiffres en gras indiquent un début de coup et les chiffres marqués d'un astérisque le début d'une distribution à l'intérieur d'un coup.

A	B	C	D	E	R
1	2	3	**4**	5	0
2	3*	3	0	6	1
2	0	4	1	7*	1
3	1	5	2	**1**	3
3	1	5	**2**	0	4
3	1	5	0	**1**	5
3	1	**5**	0	0	6
4	2*	0	1	1	7
4	0	1	2*	1	7
4	0	1	0	**2**	8
5*	0	1	0	0	9
0	1	2	1	**1**	10
0	**1**	2	1	0	11
0	0	3*	1	0	11
0	0	0	2	**1**	12
0	0	0	**2**	0	13
0	0	0	0	**1**	14
0	0	0	0	0	15

Problème 103

Les cavaliers taquins

La solution ci-dessous indique l'ordre successif des cavaliers déplacés, chacun d'eux indiqué par son numéro : chaque cavalier déplacé vient occuper la case laissée libre par le cavalier déplacé au tour précédent :

7, 1, 10, 3, 12, 14, 5, 11, 13, 6, 15, 8, 2, 9,
1, 10, 3, 12, 14, 5, 11, 13, 6, 15, 8, 2, 9 et 7

On remarquera en particulier le cavalier n° 4 resté immobile durant toute la partie.

Chapitre 14

Puzzles particuliers

Problème 104

Le jeu des six bandes

Les quatre solutions fondamentales du casse-tête des six bandes.

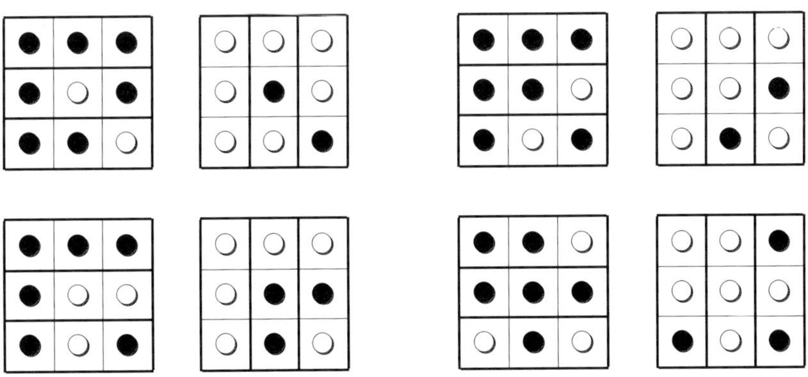

Problème 105

Les quadrisegments

Une des solutions possibles au problème des quadrisegments, avec la pièce n° 8 écartée.

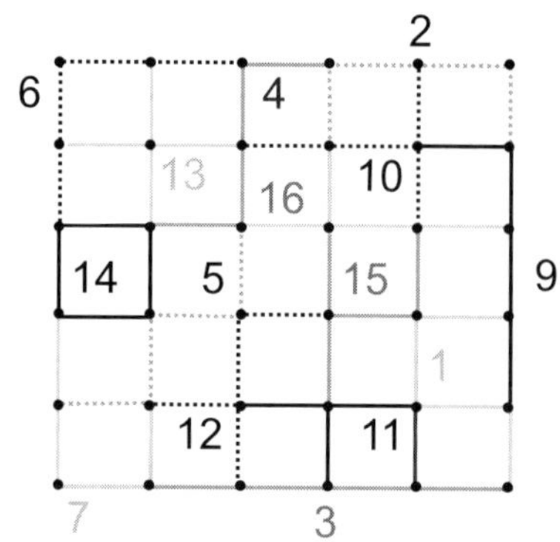

Problème 106

Le Serpent

Ci-dessous les cinq solutions à ce difficile casse-tête avec à droite la solution idéale pour laquelle chaque passage d'une section à la suivante s'effectue avec un changement de direction.

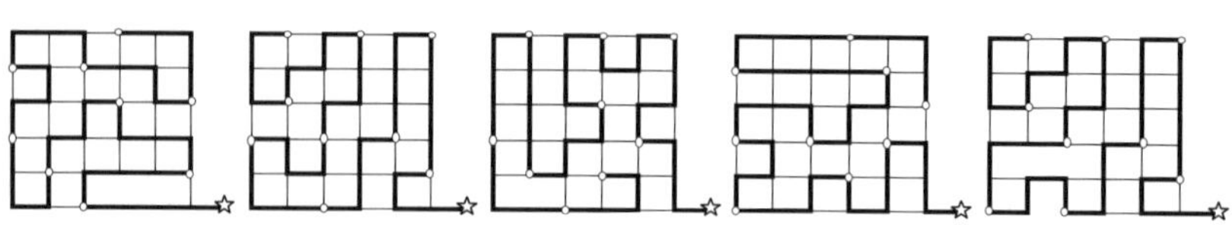

Problème 107

Domino-puzzle

Comment décrypter de telles grilles ? Ce type de casse-tête se résout pas à pas. Par exemple, dans la grille proposée, supposons que le 4 – As aille en E7 – F7. L'As de G7 serait alors associé à un 5 (cases G6 ou H7) et il n'y aurait plus d'association possible pour l'As de A7 collé à un 4 et à un 5. Le 4 de E7 et l'As de F7 appartiennent donc à deux dominos différents et on peut matérialiser sur la grille une ligne de séparation entre ces deux cases. Autre exemple : le Blanc –Deux ne peut aller qu'en A4 – A5 ou B4 – B5 de sorte qu'on ne peut pas placer le Double Blanc en A4 – B4 ni le Double – Deux en A5 – B5, ce qui nous permet de matérialiser sur la grille une ligne de séparation entre les cases A4 et B4 et une autre entre les cases A5 et B5. Le Double Blanc ne peut aller qu'en C3 – D3 ou G2 – G3. Supposons qu'il aille en G2 – G3. Le Blanc – As ne peut alors aller qu'en F1 – G1 et le Blanc – Six en C7 – C6. Dans le coin supérieur droit, le Six – Trois va en H1 – H2 et le Trois – As en H3 – H4.

Sur le côté gauche, le Trois de A1 est associé au Quatre de A2 (le Trois – As étant déjà placé). Le Quatre de A3 ne peut être associé qu'au Blanc de A4 et le Blanc – Deux ne peut aller qu'en B4 – C5.

En matérialisant tous ces dominos sur la grille, on obtient la figure du milieu pour laquelle il est facile de voir qu'il est impossible de recouvrir au moyen de dominos contenant un nombre pair de dés, la partie du coin inférieur gauche, composée de 5 carrés, nombre impair. Le Double – Blanc va donc en C3 – D3.

Pas à pas, sur le principe de tels raisonnements, on décryptera progressivement la grille pour obtenir l'unique solution représentée par la figure de droite.

	A	B	C	D	E	F	G	H
1	3	1	6	4	5	0	1	6
2	4	1	4	4	2	6	0	3
3	4	3	0	0	3	6	0	3
4	0	0	5	4	3	6	1	1
5	2	2	5	2	5	6	6	2
6	5	3	6	2	2	2	5	5
7	1	4	0	3	4	1	1	5

	A	B	C	D	E	F	G	H
1	3	1	6	4	5	0	1	6
2	4	1	4	4	2	6	0	3
3	4	3	0	0	3	6	0	3
4	0	0	5	4	3	6	1	1
5	2	2	5	2	5	6	6	2
6	5	3	6	2	2	2	5	5
7	1	4	0	3	4	1	1	5

	A	B	C	D	E	F	G	H
1	3	1	6	4	5	0	1	6
2	4	1	4	4	2	6	0	3
3	4	3	0	0	3	6	0	3
4	0	0	5	4	3	6	1	1
5	2	2	5	2	5	6	6	2
6	5	3	6	2	2	2	5	5
7	1	4	0	3	4	1	1	5

Problème 108

Carré latin de dominos

Une solution possible parmi tant d'autres.

4	1	0	2	6	3
2	3	6	4	1	5
3	4	1	0	5	6
0	6	4	5	2	1
6	2	5	3	0	4
5	0	3	1	4	2

Problème 109

Immeuble de dominos (1)

Une solution possible parmi d'autres.

1	2	3	3	6	2	5	4	6	0	1	4	4	5	0	6	0	5	2	3	1
4	5	6	0	1	4	1	0	2	6	3	5	3	2	1	2	4	3	5	6	0

Problème 110

Immeuble de dominos (2)

Une solution possible parmi d'autres…

2	3	4	4	5
2	3	6	3	5
4	4	6	5	6
5	2	6	3	2

2	3	4	4	5
2	3	6	3	5
4	4	6	5	6
5	2	6	3	2

2	4	4	3	5
2	3	6	3	5
4	4	6	5	6
5	2	6	3	2

Les problèmes 25, 35, 60 et 61 de cet ouvrage sont inédits. Les autres problèmes ont déjà été publiés dans différentes revues de jeux mathématiques : *Jeux et Stratégie* (problèmes 1 à 16, 18, 19, 21, 22, 27 à 34, 36 à 39, 44 à 49, 51 à 59, 62 à 64, 66 à 70, 72, 75 à 92, 94 à 103, 106, 108, 109, 110), *Science et Vie* (problèmes 17, 20, 23, 24, 26, 65, 66, 71, 73, 74, 93, 102, 105, 106, 108), *Tangente* (problèmes 40 à 43, 76, 104 à 108) et *Jouer Jeux Mathématiques* (problèmes 50, 109, 110). Nous remercions ces revues pour avoir bien voulu nous autoriser à reproduire ces textes.

047975-(IV)-(3)-CSB 90°-SCM-MER

STEDI MEDIA, 1, boulevard Ney, 75018 Paris
Dépôt légal, Imprimeur, n° 8660
Dépôt légal : juillet 2005, suite du 1er tirage
Dépôt légal 1re édition : novembre 2003

Imprimé en France